JN422929

친환경자동차 2

저자 약력

김인옥 국제대학교

남상도 동일공업고등학교

이석재 동일공업고등학교

이종욱 국제대학교

조성철 국제대학교

한성철 국제대학교

친환경자동차 2

초판 인쇄 | 2024년 9월 05일
초판 발행 | 2024년 9월 15일

저 자 | 김인옥 · 남상도 · 이석재 · 이종욱 · 조성철 · 한성철
발 행 인 | 조규백
발 행 처 | 도서출판 **구민사**
(07293) 서울특별시 영등포구 문래북로 116, 604호(문래동 3가 46, 트리플렉스)
전 화 | (02) 701-7421
팩 스 | (02) 3273-9642
홈 페 이 지 | www.kuhminsa.co.kr

신 고 번 호 | 제2012-000055호 (1980년 2월 4일)
I S B N | 979-11-6875-417-1(93550)

값 | 25,000원

※ 낙장 및 파본은 구입하신 서점에서 바꿔드립니다.
※ 본서를 허락없이 부분 또는 전부를 무단복제 게재행위는 저작권법에 저촉됩니다.

Preface

인류는 산업화로 인해 풍요로운 삶을 누리게 되었다. 하지만 그 대가로 환경오염이라는 재앙을 안게 되었다. 산업화의 핵심인 공업화로 인해 땅과 물이 오염되고 공기는 찌들어 건강을 위협하는 지경에 이르렀다.

친환경자동차는 화석연료를 사용하지 않아 배출가스, 이산화탄소(CO_2) 등이 발생하지 않는 무공해 동력 시스템의 활용 및 장착하거나, 이에 준하는 개선으로 기존 내연기관 대비 연비가 높고 배출가스나 이산화탄소(CO_2) 배출량도 적은 차량을 말한다.

앞으로 친환경자동차는 우리 주위에서 더 많은 수송수단이 될 것이기 때문에 친환경자동차에 대하여 지금부터라도 관련 지식을 쌓아나가야 한다. 이를 위해 저자들은 친환경자동차에 대하여 저술하게 되었다.

이 책의 내용은 다음과 같다.

4장에서는 하이브리드 전기자동차 대해서 설명하였다.
5장에서는 전기자동차에 대해서 설명하였다.
6장에서는 연료전지자동차에 대해서 설명하였다.

본 교재는 동일공업고등학교 미래자동차과 재구조화 성공을 위하여 동일공업고등학교의 지원으로 국제대학교 자동차학과와 공동으로 집필하였다.

저자 일동은 최선을 다하여 본 교재를 집필하였으나 내용 중에 오류가 있으면 독자 여러분이 지적해 주시기 바란다. 친환경자동차에 대하여 많은 지식이 충만하길 바라며, 이 책의 출판을 위해 도움을 주신 도서출판 구민사 조규백 대표님과 직원 여러분에게 고마움과 항상 건강하시길 기원한다.

저자 일동

Contents

04 하이브리드 전기자동차(HEV)

05 전기자동차(EV)

Contents

연료전지 자동차(FCEV) 06

4

하이브리드 전기자동차(HEV)

1 하이브리드 전기자동차 개요

1 하이브리드 전기자동차 개요

01 하이브리드 전기자동차 정의

하이브리드(Hybrid)는 '혼합'이라는 뜻을 의미하며, '특수한 목적을 달성하기 위하여 서로 다른 요소들의 장점을 합친 것'으로 정의할 수 있다. 하이브리드 전기자동차(Hybrid Electric Vehicle, HEV)는 2개의 동력원을 이용하여 구동되는 자동차를 의미한다.

기존의 내연기관과 배터리로 구동되는 모터를 결합하여 엔진과 모터의 장점을 이용하여 연비향상이 가능하게 되었다. 향후 열효율이 50%로 향상된 내연기관을 장착한 하이브리드 전기자동차를 양산할 경우 지구온난화의 주요 원인인 CO_2 발생량이 전기자동차를 구동하기 위해서 생산된 전기 생산과정에서 발생하는 CO_2 발생량에 근접할 것으로 예상된다.

하이브리드 전기자동차(Hybrid Electric Vehicle, HEV)의 2가지 동력원의 결합 형태를 보면 가솔린엔진과 모터, 수소연소엔진과 연료전지, 천연가스와 가솔린엔진, 디젤엔진과 모터 등의 동력원이 있다. 자동차 회사마다 하이브리드 전기자동차 제작 방식이 다르고 그 특성 또한 차이는 있지만, 현재의 하이브리드 전기자동차는 일반적인 도로 환경에 따라 가솔린엔진과 모터의 구동력을 적절히 배분하여 주행하는 방식이 주류를 이루고 있으며, 일반적인 내연기관 자동차에 비하여 탄소 배출량이 적고 연비도 우수한 편이다.

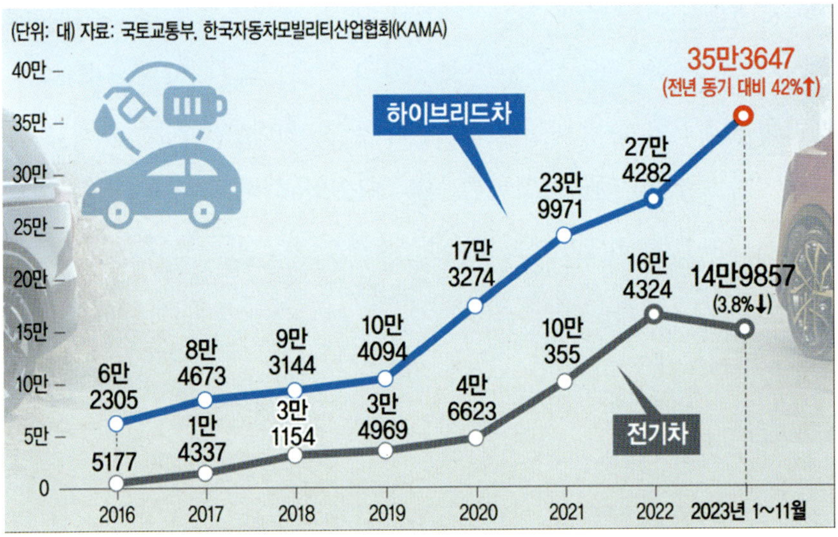

그림 1 | 하이브리드 전기자동차 판매현황(2023년)

출처 : https://chabot.co.kr/wp-content/uploads/2024/04/%EC%9E%90%EB%A3%8C-%EC%B6%9C%EC%B2%98-%ED%95%9C%EA%B2%A8%EB%A0%88.png

현대적인 의미의 하이브리드 전기자동차는 1997년에 출시된 도요타 프리우스에 기원한다. 하지만 기능적인 의미의 하이브리드 전기자동차는 프리우스보다 100년 앞서 등장했다. 최초의 하이브리드 전기자동차는 1899년에 포르쉐를 만든 퍼디난드 포르쉐에 의해 등장했다.

그림 2 | 최초의 하이브리드 전기자동차 믹스테(Mixte)

출처: https://img.khan.co.kr/news/2011/03/18/photo1.webp

포르쉐의 하이브리드 전기자동차는 '믹스테(Mixte)'로 불리었으며, 프랑스어로 '혼합된'이란 뜻을 가지고 있다. 놀라운 것은 이 자동차가 4륜 구동이며 각각의 바퀴에 독립된 모터를 장착해 독립적인 힘을 바퀴에 전달했다. 또한 최대 출력이 7~14마력에 불과했지만 가솔린엔진과 전기를 에너지원으로 하는 최초의 하이브리드 전기자동차이다.

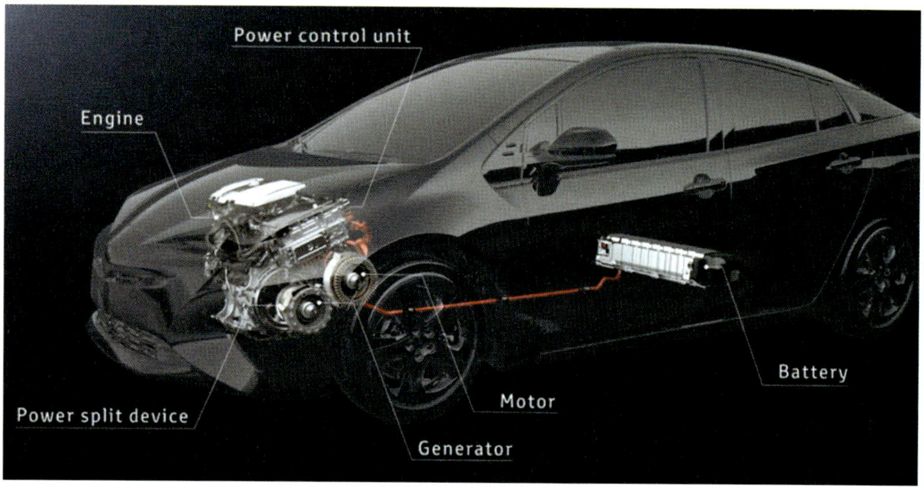

그림 3 | 하이브리드 전기자동차

출처: https://postfiles.pstatic.net/MjAyMzAzMTBfMTM1/MDAxNjc4NDA3MTcwODg3.8gA3CkYfO78wxP2YZ5gE_C7l4C_bwZJLV7ooBdpUMWkg.Ykg14LIgRWNWirlcjbU4lTmGf4tNQle5iaNPvtevxbcg.PNG.dalbong002/4.png?type=w966

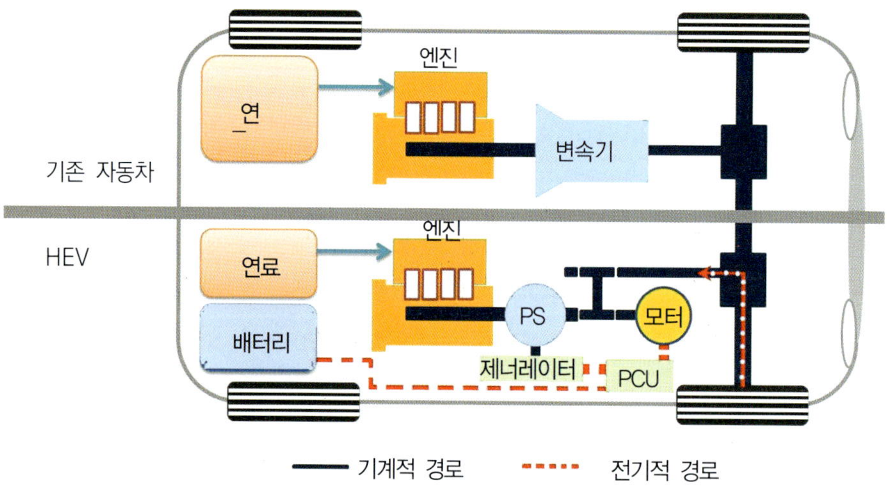

그림 4 | 내연기관 자동차와 하이브리드 전기자동차의 비교

출처: 김영일 외(2021)

02 하이브리드 전기자동차 엔진 특성

하이브리드 전기자동차는 내연기관의 장점과 모터의 장점을 조합한 시스템으로, 동력원으로는 내연기관과 모터의 조합이다. 하이브리드 전기자동차의 엔진 부분은 일반 가솔린 자동차와는 조금 차이가 있다. 하이브리드 전기자동차의 특성상 일반 가솔린 자동차에 비해 배기량이 적은 엔진을 사용한다.

하이브리드 전기자동차 엔진의 주요 특징을 내연기관 자동차와 비교하면 다음과 같다.

첫째, 하이브리드 전기자동차는 내연기관과 모터의 조합으로 우수한 연비를 제공한다. 도심 주행에서는 모터를 사용하여 더욱 높은 연비 향상이 가능하다.

둘째, 모터를 사용하므로 배출가스 감소가 가능하다.

셋째, 감속 또는 제동 시에 발생하는 에너지를 재활용하여 배터리를 충전하므로 에너지의 효율성이 높다.

또한 하이브리드 전기자동차의 장점은 다음과 같다.

첫째, 내연기관과 모터를 결합하여 사용하므로 연비가 향상된다.

둘째, 모터를 사용하기 때문에 내연기관 자동차보다 배출가스가 적어 친환경적이다.

셋째, 내연기관 자동차보다 효율적인 출력과 큰 토크를 빠르게 생성하며, 조용하고 안정적인 승차감을 제공한다.

반대로 하이브리드 전기자동차의 단점으로는 초기 투자 비용과 배터리 교체나 전기 시스템 유지비용의 증가와 충전 인프라 부족을 들 수 있다.

2 하이브리드 전기자동차 종류

하이브리드 전기자동차는 구동모터와 엔진의 조합에 따라 다양한 형태의 구조가 가능하며, 동력 전달 방식 및 구동 모터의 사용 정도에 따라 구분하고 있다.

01 동력 전달 방식에 따른 구분

하이브리드 전기자동차는 바퀴를 돌리기 위한 모터, 모터의 회전력을 바퀴에 전달하는 변속기, 모터에 전기를 공급하는 배터리 그리고 전기 또는 동력을 발생시키는 엔진으로 구성된다. 동력 전달 방식에 따른 구분에는 직렬 방식(Series Type), 병렬 방식(Parallel Type), 직·병렬 방식(Series-Parallel Hybrid, 복합 방식)으로 구분된다.

직렬형과 병렬형은 둘 다 모터가 바퀴를 돌린다는 점은 같다. 직렬형에서 엔진은 배터리를 충전시키기 위한 장치로 사용하고, 병렬형은 엔진이 변속기에 직접 연결되어 차체를 움직이고, 배터리의 충전에 관여하는 것이 주목적은 아니다. 따라서 직렬형과는 달리 발전기가 필요 없다. 병렬형은 엔진과 모터의 배열에 따라 다양한 종류의 방식이 가능하다.

직 · 병렬형은 발진 시와 경부하 시에는 배터리에서 전력만을 가지고 모터로 주행하고, 통상 주행 시에는 엔진 직접 구동과 발전기에서 얻어진 전력을 사용한 모터구동 두 가지가 된다.

직렬 방식은 배터리로만 구동되는 전기자동차(Electric Vehicle)에 더 가깝고 병렬 방식은 전통적인 내연기관 엔진의 변형으로 이해할 수 있다. 병렬형 하이브리드 전기자동차가 기존의 내연기관 자동차에 더 쉽게 적용될 수 있는 이유이다.

(1) 직렬 방식(Series Type)

직렬 방식 하이브리드 전기자동차는 엔진을 발전기의 충전 수단으로 활용하고 모터를 주 동력원으로 사용한다. 이러한 방식을 최근에는 '주행거리 연장형 전기차(Range Extender)'라고 부르기도 한다.

직렬 방식 하이브리드 전기자동차는 내연기관과 바퀴 사이에 동력전달을 위한 기계적인 연결이 필요 없기 때문에 자동차 구동계의 구조가 간단한 편이다.

직렬 방식에 사용되는 엔진은 바퀴를 돌리기 위한 것이 아니라 배터리를 충전하기 위한 것이다. 따라서 엔진에는 발전기가 연결되고, 이 발전기에서 발생되는 전기는 배터리에 저장된다. 이러한 직렬 방식은 엔진과 구동바퀴 사이에 동력전달 구조가 필요없다는 점에서 여러 가지 특징을 찾을 수 있다.

첫째, 엔진과 바퀴 사이에 동력 전달을 위한 기계적인 연결이 필요 없어 엔진의 레이아웃이 자유롭다. 엔진이 좁은 엔진룸에 함께 있을 필요가 없고, 적당한 공간에 설치함으로써 차의 운동 특성을 개선하기도 손쉽다.

둘째, 엔진과 바퀴의 회전은 전혀 무관하므로 항상 최적의 상태로 엔진을 구동할 수 있다.

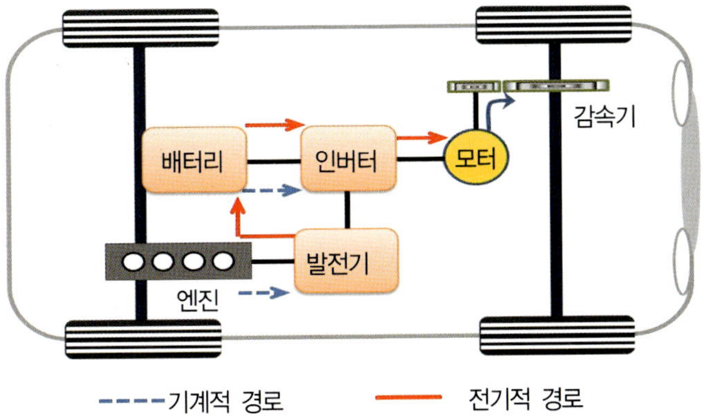

그림 5 | 직렬 방식(Series Type) 하이브리드 전기자동차

출처: 김영일 외(2021)

직렬 방식 하이브리드 전기자동차의 동력 전달 방식은 다음과 같다.

① 내연기관의 엔진을 발전기에 연결하여 전기에너지를 생성한다.

② 생성된 전기를 배터리로 전달하여 배터리를 충전한다.

③ 충전된 배터리의 출력은 직류(DC: Direct Current)이기 때문에 인버터를 통해 교류(AC: Alternating Current)로 변환한다.

④ 차량은 항상 모터로 구동된다. 즉, 교류로 변환된 전기에너지로 모터를 구동한다.

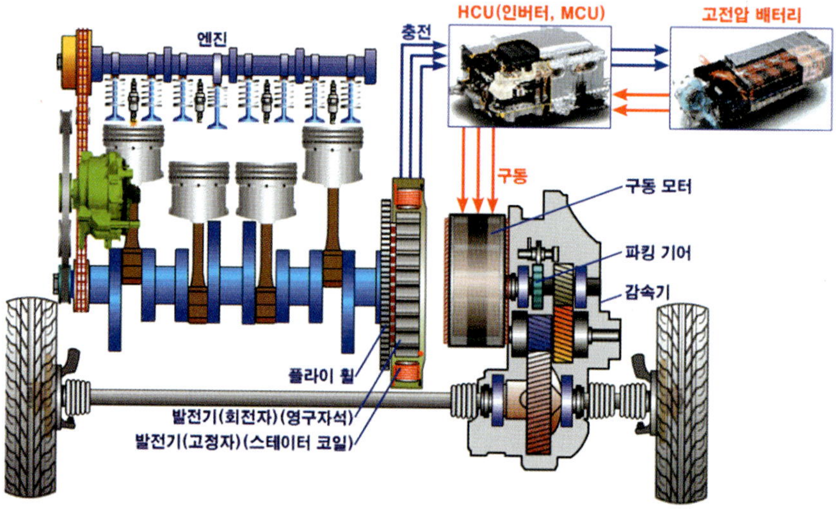

그림 6 | 직렬 방식(Series Type) 하이브리드 전기자동차 동력전달

출처: http://jwkang7.wo.to/pds11/1109.htm

직렬 방식의 상용화 최대 핵심은 전기의 힘으로만 기계적인 추진력을 얻어야 하기 때문에 대용량 축전지가 필요하다는 것이다. 현재로서는 하이브리드 트럭이나 버스와 같이 중량이나 적재 공간에서 제약 조건이 적은 타입이 유리하다.

직렬 방식 하이브리드 전기자동차의 특징은 다음과 같다.

첫째, 직렬 방식 하이브리드 전기자동차는 엔진, 발전기, 모터가 직렬로 연결되어 있으며, 엔진을 항상 최적점에서 작동시키면서 발전기를 이용해 전력을 모터에 공급하고, 순수하게 모터의 구동력만으로 차를 주행시키는 방식이다.

둘째, 제어가 비교적 간단하고, 배기가스 특성이 우수하며, 별도의 변속장치가 필요 없다는 것이 장점이다.

셋째, 전체 시스템의 에너지 효율이 병렬형에 비해 낮고, 자동차의 주행성능을 모두 만족시킬 수 있는 고성능의 전동기 개발이 필수적이며, 동력전달구조 자체가 크게 바뀌므로 기존 자동차에 적용하기는 어렵다는 단점이 있다.

직렬 방식 하이브리드 전기자동차는 각각의 에너지 전달 과정에서 발생하는 효율 저하로 인해 출력이 감소하는 단점이 있다. 그러나 전기자동차의 주행거리 연장의 한계성 때문에 최근 시장에서 다시 등장하기 시작하였다.

(2) 병렬 방식(Parallel Type)

병렬 방식 하이브리드 전기자동차는 엔진과 모터가 각각 독립적으로 구동하는 방식을 말하며, 주로 하이브리드 전기자동차라고 할 때 지칭하는 방식이 병렬 방식이다. 주 동력원은 엔진을 이용한 기계적 추진력이고, 엔진을 더욱 가속할 때나 출력이 부족할 때 주 동력원을 모터가 보조하는 방식이다. 내연기관에 의한 동력을 모터가 보조하기 때문에 주행 중 큰 동력을 필요로 하는 경우 내연기관의 동력에 모터의 동력을 더해 더욱더 큰 동력을 발생시킨다. 직렬 방식이 지닌 한계 때문에 양산이 되었거나 혹은 선보일 예정인 하이브리드 전기자동차는 대개 병렬 방식을 선택하고 있다.

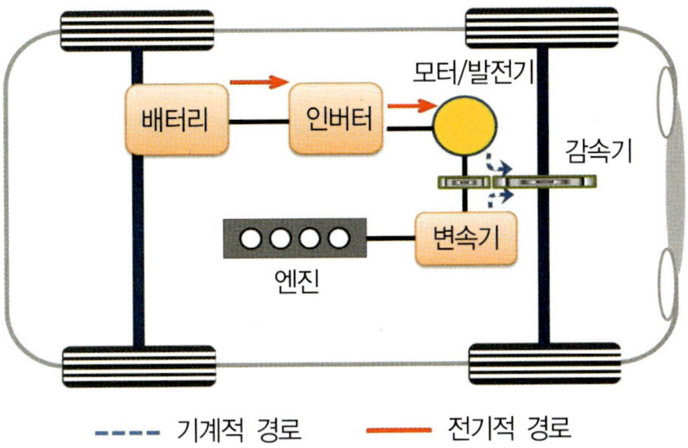

그림 7 | 병렬 방식(Parallel Type) 하이브리드 전기자동차

출처: 김영일 외(2021)

일반적으로 엔진과 변속기 사이에 모터를 넣는 구조이다. 출발할 때나 저속에선 모터로 가속하고 일정 속도 이상이 되면 엔진 클러치가 붙어 엔진이 힘을 더한다. 기존 자동차와 파워 트레인 레이아웃이 흡사하여 직·병렬 하이브리드에 비해 구조가 단순하고 무게도 가벼우며, 가격도 저렴하다는 장점이 있다. 다만 직·병렬 하이브리드에 비해 모터 출력이 낮아 모터만으로 가속 가능한 속도가 높지 않다.

이 때문에 하이브리드 특성상 도심에서 연비가 잘 나와야 하지만 중저속 주행이 많은 시내주행 효율을 일정 수준 이상 높이기가 어렵고, 오히려 정속주행으로 엔진 효율을 높일 수 있는 고속주행 연비가 시내 주행 연비보다 더 좋은 결과가 나타나기도 한다.

하나의 모터가 발전기 역할도 하고 있기 때문에 이걸 발전기로 돌려 배터리를 충전하면 모터로 사용할 수가 없고, 모터로 써서 주행에 힘을 보태면 발전기로 돌릴 수 없다. 즉, 모터의 힘을 쓰고 있을 땐 엔진이 돌더라도 충전을 못하는 단점이 있다.

병렬 방식 하이브리드 전기자동차의 특징은 다음과 같다.

① 변속기의 전후에 엔진 및 모터를 병렬로 배치하여 주행 상황에 따라 최적의 성능과 효율을 갖게끔, 자동차 구동에 필요한 동력을 엔진과 모터에 적절히 분배하는 방식이다.

② 엔진의 힘이 운전자가 요구하는 동력 이상으로 발휘될 수 있을 때는 여유 동력으로 모터를 구동시켜 전기를 저장한다(모터는 발전기 역할).

③ 엔진과 모터의 힘을 합한 큰 동력 성능이 필요할 때 모터를 움직인다.

④ 병렬 방식은 기존 자동차의 구조를 이용 가능하므로 제조 비용면에서 직렬형에 비해 유리하다는 장점이 있으나, 동력 전달 구조 및 제어가 복잡하다는 단점이 있다.

⑤ 도시 규모가 작은 지역에서는 전기자동차로 주행하고, 도시 간의 고속주행이 요구되는 경우는 엔진이 주가 되어 주행하는 방식이다.

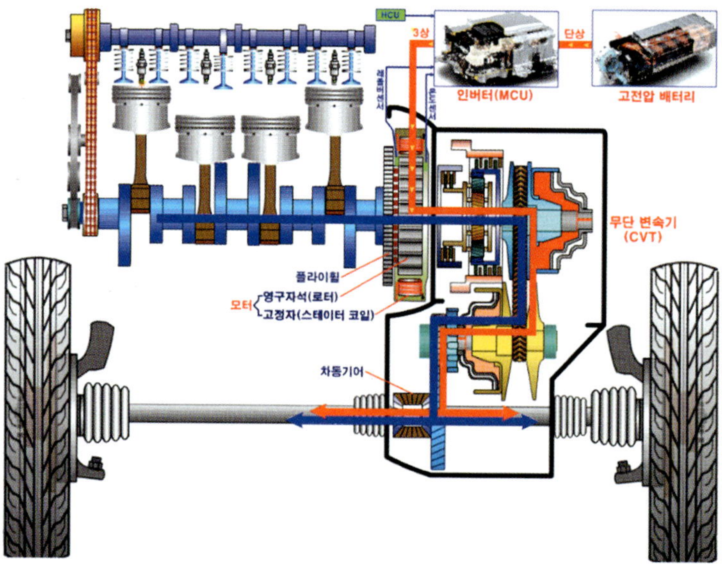

그림 8 | 병렬 방식(Parallel Type) 하이브리드 전기자동차 동력전달

출처: http://jwkang7.wo.to/pds11/1110.htm

병렬 방식 하이브리드 전기자동차는 다시 TMED(Transmission Mounted Electric Device) 방식과 FMED(Flywheel Mounted Electric Device) 방식으로 분류할 수 있다. FMED는 변속기와 모터 사이에 클러치 제어를 통해 동력이 전달되며, 모터는 엔진의 보조용으로 사용된다. 즉, 모터로만 주행하는 EV 모드가 없어 "Soft Type Hybrid"라고도 부른다. TMED는 모터와 엔진 사이에 클러치가 장착되며, 클러치 제어를 통해 모터로만 주행하는 EV 모드가 가능하다. EV 모드 구동이 가능한 TMED는 "Hard Type Hybrid"라고도 하며, 엔진의 시동을 걸어주는 HSG(Hybrid Starter Generator)가 있다.

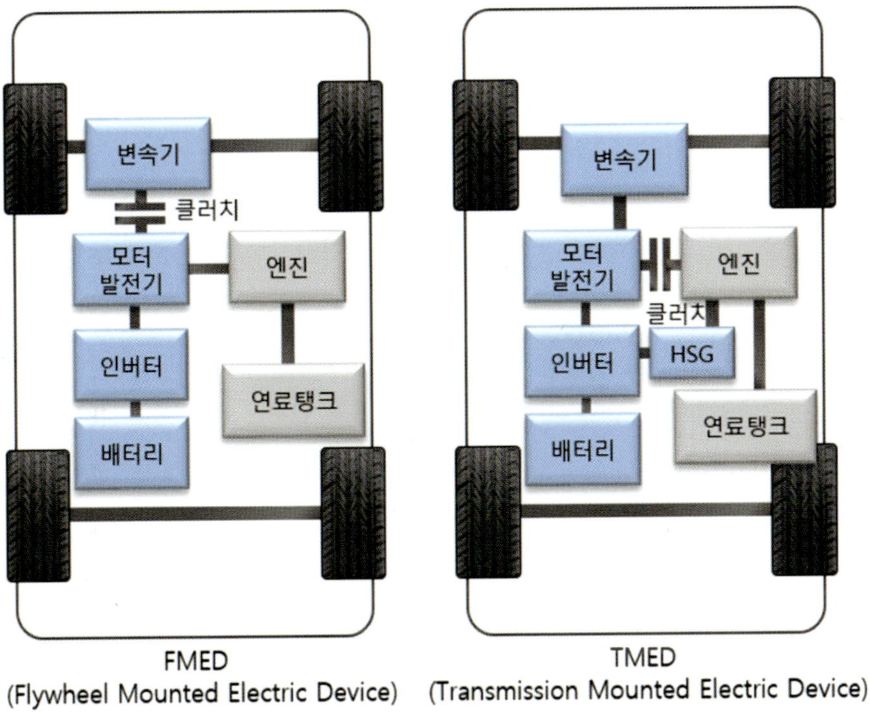

그림 9 | 병렬 방식(Parallel Type) 하이브리드 전기자동차 종류

(3) 직·병렬 방식(Series·Parallel Type, 복합방식) 또는 동력 분기 방식(Power-Split Hybrid)

직·병렬 방식은 직렬 방식과 병렬 방식을 융합한 방식으로 엔진과 모터가 동시에 작동되거나, 모터 단독 또는 엔진 단독으로 그리고 엔진과 회생제동을 통해 발전기를 돌려

구동축을 움직이는 방식을 말한다.

모터 2개를 이용하고 동력 분기를 위해 유성기어를 사용한다. 모터 1은 발전용이고, 모터 2는 차체를 구동시킬 수 있는 모터이다.

직·병렬 방식 하이브리드 전기자동차의 구동 원리는 저속 운행할 때 EV 모드를 적용하고, 충전된 배터리에서 모터 2로 전기를 공급하여 모터 2로만 차체를 구동한다. 또한 엔진 시동 시에는 모터 1이 회전하여 시동을 걸어 엔진 구동이 시작된다. 엔진과 모터 2를 모두 사용하여 차체를 구동시키며, 엔진을 통해 회전된 모터 1은 발전기가 되어 조금씩 충전되고, 회생 모드는 모터 2에 의해서만 충전된다.

일본 토요타 자동차 회사에서 이미 하이브리드에 대한 특허를 확보했기 때문에 각 경쟁사에서는 이를 회피하기 위해 다양한 방식의 하이브리드 전기자동차 기술을 개발하고 있으며, 동력 분기식 하이브리드를 TOYOTA Hybrid System(THS)이라고 부른다.

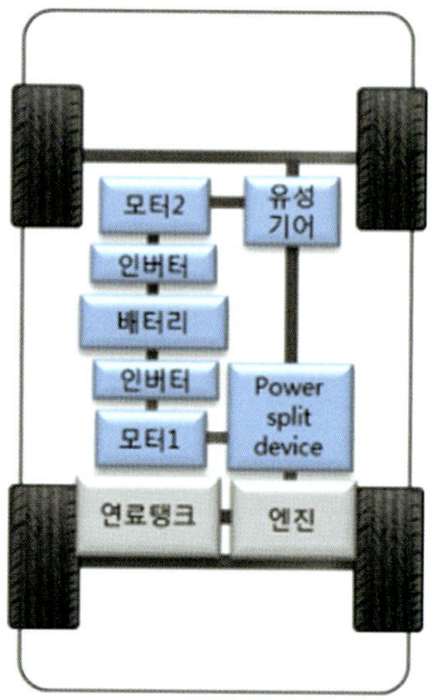

그림 10 | 직·병렬 방식(동력 분기 방식) 하이브리드 전기자동차

표 1 | 동력 전달 방식 하이브리드 전기자동차 분류

구분	특징	모터사용
직렬 방식	• 엔진이 발전기를 돌리고, 발생한 전기에 의해 모터가 구동축(바퀴)을 움직이는 방식 • 최대 핵심은 전기의 힘으로만 기계적인 추진력을 얻어야 하기 때문에 대용량 축전지가 필요 • 하이브리드 트럭이나 버스와 같이 중량이나 면적에서 제약 조건이 적은 타입이 유리 • 쉐보레 볼트, BMW i3 Range Extender. • REEV(Range-Extended EV, 주행거리 연장 전기차), EREV(Extended Range EV)라고 부름	플러그인 방식
병렬 방식	• 하이브리드 형태 중 가장 널리 적용되는 방식 • 엔진과 모터가 동시에 구동축에 힘을 전달하는 방식(엔진과 모터가 각각 독립적으로 구동) • 주행상태에 따라 엔진과 모터로 최적 상태 구동 - 큰 동력 필요 시 : 엔진 + 모터 - 여유 동력 시 : 엔진 → 모터구동 → 배터리 충전(모터는 발전기 역할)	Soft 방식
직·병렬 방식	• 엔진과 모터가 동시에 작동되거나, 모터 단독 또는 엔진 단독으로 그리고 엔진과 회생제동을 통해 발전기를 돌려 구동축을 움직이는 방식 • 복잡한 구조와 전장기술 때문에 비교적 비용이 높아지는 단점 • 중형급 이상의 차종에 적합한 방식 • 발진, 경부하 시 : 모터 주행(엔진정지) • 통상 주행 시 : 엔진 구동 + 모터 구동 • 감속 시 : 모터를 발전기로 변환 • 감속에너지로 축전지 충전 • 엔진 효율이 좋은 주행상태에서는 엔진으로 발전기를 돌려 축전지에 충전하여 두고자 함이 주요 동작과정	Hard 방식

표 2 | 동력 전달 방식에 따른 구분의 장·단점 비교

구분	연비개선				주행성능	
	아이들 스톱	회생제동	엔진 최적제어	종합효율	가속성능	연속출력
직렬 방식	●	◎	●	●	○	○
병렬 방식	●	●		●	●	○
직·병렬 방식	◎	◎	◎	◎	●	●

◎ : 우수, ● : 보통, ○ : 낮음

02 구동 모터 사용 정도에 따른 구분

구동 모터의 사용 정도에 따라서는 마일드(Mild) 방식 하이브리드 전기자동차(MHEV), Soft(Power Assist) 방식 하이브리드 전기자동차(Soft HEV), Hard(Full) 방식 하이브리드 전기자동차(Hard HEV)로 구분할 수 있다.

표 3 | 시스템별 각종 비교

구분	Soft HEV	Hard HEV	Mild HEV(48V)	PHEV
IDLE STOP	○	○	○	○
발전제어	○	○	○	○
모터 토크 보조	○	○	○	○
모터 구동	엔진 주, 모터 보조 모터구동 불가 (EV 불가)	○ (EV 가능)		○
외부 충전				○
연비 개선율	30~50%	40~60%	10~30%	60% 이상
기타	구형차종 아반테HD 포르테	그랜저 쏘나타	현재 보편적 사용 적은 비용 고효율 가능	시스템구축 고가비용 발생

(1) 마일드(Mild) 방식 하이브리드 전기자동차(MHEV)

마일드 하이브리드 전기자동차는 기존 시스템에서는 12V였던 전원전압보다 4배 높은 48V 전압 시스템을 사용하기 때문에 '48V 하이브리드 전기자동차'라고도 불린다. 일반적인 경우의 하이브리드 전기자동차는 270V 또는 300V 이상의 고전압 배터리를 전원으로 사용하고 있다. 48V는 EU(유럽연합)가 규정한 인체에 안전한 전압의 상한선이며, 추가 고전압에 대한 안전장치가 불필요한 장점이 있다.

일반적인 내연기관의 모터는 보통 12V 전압을 사용한다. 그러나 마일드 하이브리드 전기자동차는 12V 전압의 시동용 모터를 대신하여 벨트 구동 통합모터(B-ISG, Belt Integrated Starter Generator)를 장착한다. 여기에 48V 배터리와 48V를 12V로 변환해

주는 컨버터만 장착하면 되기 때문에 기존 내연기관 자동차를 쉽게 개조하여 마일드 하이브리드 전기자동차로 바꿀 수 있다.

엔진 동력이 기본이고 모터는 보조 역할만 하며, 모터로만 구동이 불가능하다. 공회전 시에 시동이 자동으로 꺼지고 액셀러레이터를 밟아 출발하게 되면 시동이 켜지는 ISG(아이들 스탑 앤 고) 시스템을 장착한 차량과 제약 조건이 많은 소형 차량에 적합한 방식이다. 모터는 보조 역할이며 시스템이 단순하다.

2019년 들어 전자장비 탑재 증가와 더불어 충전을 하지 않으면 실 운행 시 마일드 하이브리드와 큰 차이가 없으면서 가격만 비싼 격이 되어버리는 PHEV(플러그인 하이브리드 전기자동차) 방식의 한계 때문에 유럽의 자동차 회사를 중심으로 48V 마일드 하이브리드 방식의 채택이 점차 늘어나는 추세이다.

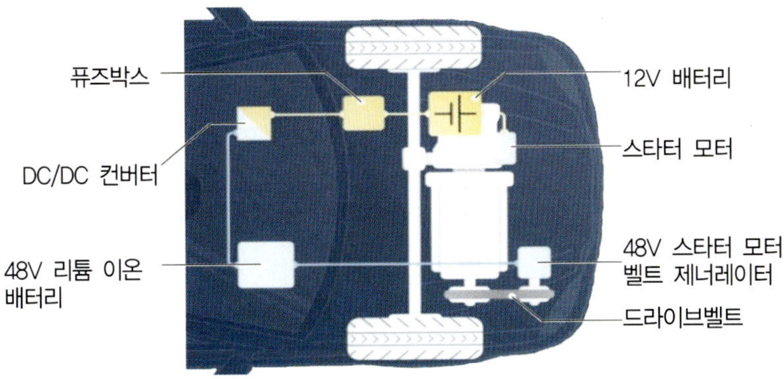

그림 11 | 마일드 하이브리드 전기자동차

출처: 김영일 외(2021)

스탑 앤 고 작동 시 한 단계 더 빠른 시동 반응과 진동 및 소음을 억제할 수 있다. 또한 주행 중 가속 시 엔진 출력을 보조하여 더욱 민첩하게 움직일 수 있다. 차량이 정차하려고 할 때 발생하는 에너지를 회수하고 저장하는 회생 제동을 활용해 약 10% 정도의 연비가 개선된다. 또한 배출가스를 기존 내연기관 자동차 대비 15% 절감할 수 있다. 하지만 마일드 하이브리드 전기자동차는 모터만으로는 주행이 불가능하고, 풀하이브리드 전기자동차에 비해 연비가 낮다는 단점이 있다.

그림 11, 12에서 보는 것처럼 48V 용량의 리튬이온 배터리와 컨버터가 48V 스타터 벨트 제네레이터 & 구동벨트에 연결되어 있으며, 평범한 시동모터보다 용량이 크고 제네레

이터 역할을 동반한다. 따라서 감속할 때는 전력을 회수해 배터리에 저장하며, 이렇게 모은 전력은 시동을 걸거나 가속을 할 때 쓰면서 에너지 효율을 높이고 이산화탄소 배출량도 줄일 수 있는 장점이 있다.

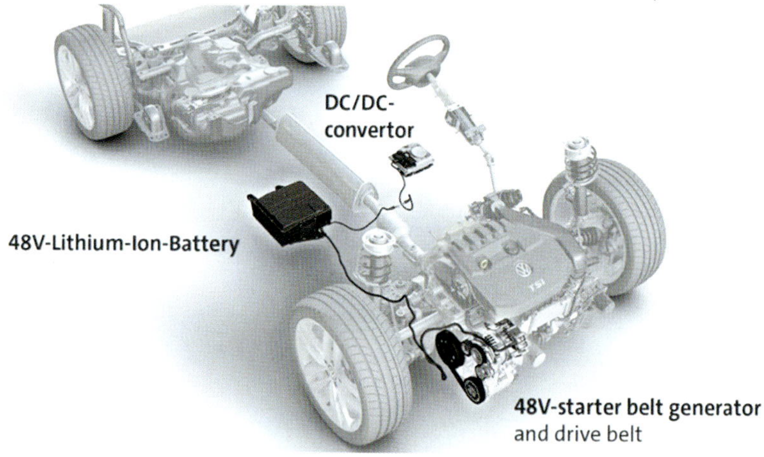

그림 12 | 마일드 하이브리드 전기자동차 구성도

출처: 폭스바겐 골프 8세대 모델, https://www.motormag.co.kr/news/articleView.html?idxno=1495

(2) Soft(Power Assist) 방식 하이브리드 전기자동차(Soft HEV)

Soft(Power Assist) 방식 하이브리드 전기자동차(Soft HEV)의 경우 마일드 하이브리드 전기자동차(MHEV) 방식보다는 모터의 보조역할이 더 크다. 대부분의 병렬 방식이 이에 해당되며, 현대자동차의 아반테 LPI 하이브리드, 혼다자동차의 시빅 하이브리드와 같이 내연기관 엔진, 모터(1개), 구동벨트(CVT)로 구성되어 있다.

엔진이 주 동력원이며 모터는 엔진의 보조 동력으로 사용된다. 전기차 모드(EV모드)로 주행은 불가능하다.

전기적인 비중이 적어 가격이 저렴한 장점이 있지만, 순수 전기 모드의 구현이 불가능하므로 연비개선 및 배기가스 저감에서는 상대적으로 불리하다. 시동이나 가속 순간에만 모터가 엔진을 보조하고 정속주행 시에는 일반 자동차와 동일하게 엔진으로만 구동된다.

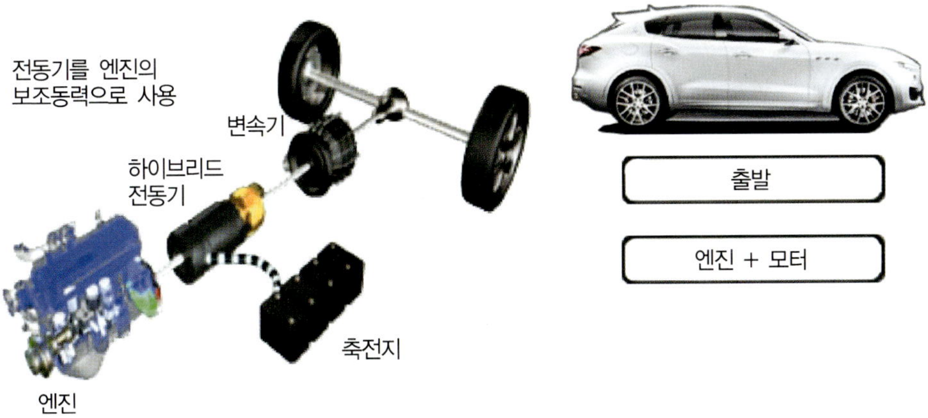

그림 13 | 소프트 방식 하이브리드 전기자동차

출처: 김영일 외(2021)

Soft 방식 하이브리드 전기자동차는 엔진과 변속기 사이에 모터가 삽입되어 있으며, 모터가 엔진의 동력 보조역할을 수행하게 된다. 모터 단독으로 차를 움직일 수 있지만, 모터는 단순히 추진의 보조 역할을 한다.

Soft 하이브리드 전기자동차는 전기적인 비중이 적어 가격이 저렴한 장점이 있지만, 순수 전기 모드 구현이 불가능하여 배기가스 저감 및 연비 개선에서 상대적으로 불리하게 된다. Soft 타입은 시동이나 가속 순간에만 모터가 엔진을 보조하고, 정속주행 시는 일반 자동차와 동일하게 엔진으로만 구동하는 타입이다. 이러한 이유로 Hard 타입에 비하여 연비가 나쁘다.

(3) Hard(Full) 방식 하이브리드 전기자동차

Hard 방식 하이브리드 전기자동차는 토요다자동차의 프리우스처럼 엔진에 모터 2개를 가지고 있으며, 구동벨트(CVT)로 구성된 시스템이다. 이 경우 엔진, 모터, 발전기의 동력을 분할·통합하는 기구인 유성기어를 채택하여 효율적으로 동력을 배분하고 있으며, 모터 2개가 유기적으로 작동하여 동력 보조 역할도 수행하면서 순수 전기자동차로도 작동이 가능하다.

연비개선 및 배기가스 저감 측면에서는 매우 유리하고 회생제동 효율이 우수한 장점이 있다. 모든 자동차가 이 방식으로 구현되기 위해서는 복잡한 시스템을 구현할 제어기가 필요로 하는 기술적인 측면과 Soft 방식에 비하여 전용 부품이 1.5~2배 이상 고가인 비용 측면에서 불리하다

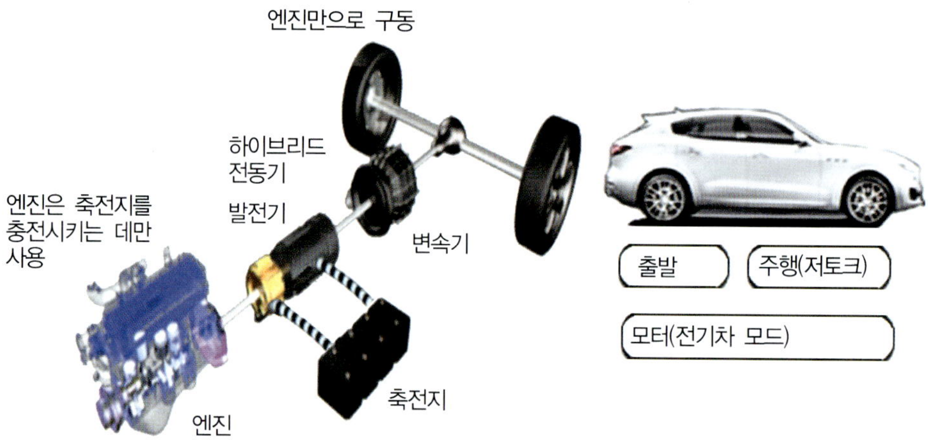

그림 14 | 하드(풀) 방식 하이브리드 전기자동차

출처: 김영일 외(2021)

Hard 방식 하이브리드 전기자동차는 저속구간인 약 60km/h까지 급가속을 하지 않으면 고전압 배터리의 전압을 이용하여 모터로만 자동차를 구동할 수 있으며, 급가속 시에는 엔진 출력을 보조하는 Soft 타입 하이브리드 전기자동차와 동일한 작동을 한다.

03 플러그인 하이브리드 전기자동차(PHEV : Plug-in Hybrid Electric Vehicle)

플러그인 하이브리드 전기자동차의 기본 개념은 하이브리드 전기자동차와 같다. 기존 하이브리드 전기자동차에 추가 배터리를 장착하여 EV 주행거리를 더 확보한 형태로 쏘나타 PHEV, 프리우스 프라임이 등이 해당된다. 또한 전기자동차의 파워트레인에 주행거리 증가를 위한 발전용 엔진을 단 형태이다. 주행에 엔진이 전혀 참여하지 않고, 엔진은 발전용으로만 쓰인다. 보통 플러그인 하이브리드 전기자동차는 전자고, 후자는 EREV(Extended Range EV, 주행거리 연장 전기차)라고 한다.

내연기관과 모터로 구성된 하이브리드 전기자동차의 기본 설계에서 하이브리드보다 더 큰 용량의 배터리를 탑재하고, 외부 충전이 가능한 탑재형 완속 충전기(OBC, ON

Board Charger) 부품이 추가된다. 플러그인 하이브리드 전기자동차 역시 도로 상황과 운전자의 컨디션 등에 따라 모터와 엔진이 자연스럽게 전환된다. 특히 대용량 배터리를 장착해 전기차 모드의 주행거리가 대폭 늘어났고, 배터리가 일정량 이하로 소모되면 하이브리드 전기자동차와 동일하게 구동된다.

플러그인 하이브리드 전기자동차의 기본은 하이브리드 전기자동차이지만, 축전지 용량을 하이브리드 전기자동차와 전기자동차의 중간 크기로 하고, 비상시에는 다시 충전해 두는 것으로 단거리는 전기자동차로서 활용하는 형식이다. 가정 전원이 이용 가능하고 어디서도 충전할 수 있다는 간편성을 염두해 둔 방식이다.

플러그인 하이브리드 전기자동차의 단점은 전기차에 비해 부족한 EV모드 주행거리와 배터리 무게 증가로 인한 연비 저하 그리고 가격상승을 들 수 있다. 더 큰 문제는 순수 전기자동차처럼 자택이나 회사에 충전 공간을 마련할 수 없다면 전기 충전소를 찾아다녀야 한다. 그럼에도 순수 전기자동차의 가장 큰 문제점인 짧은 주행거리를 내연기관 자동차와 동등한 수준으로 만들 수 있는 장점이 있다.

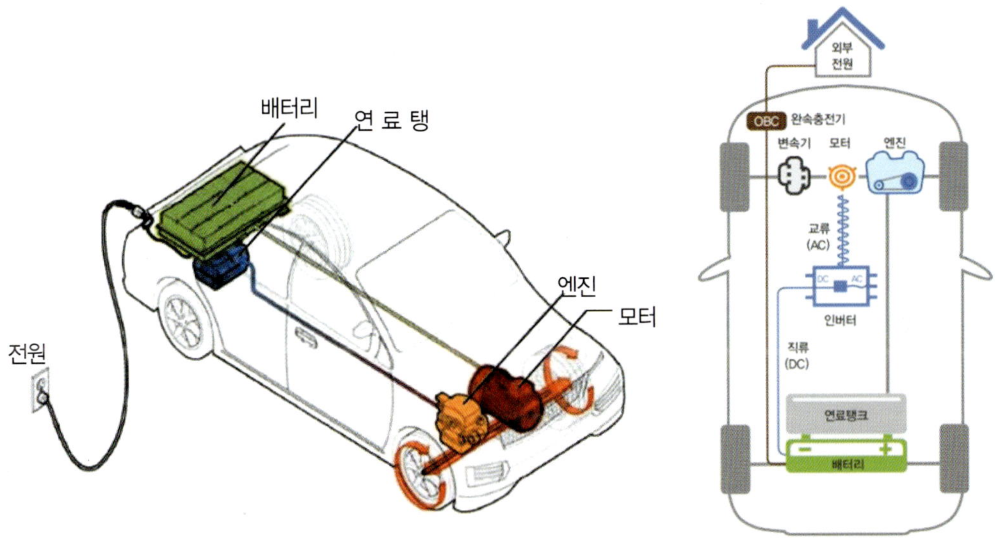

그림 15 | 플러그인 하이브리드 전기자동차

출처: https://www.hyundai.co.kr/story/CONT0000000000005042,

출처: 김영일 외(2021)

수소 연료전지 자동차가 가장 친환경에 가깝지만, 아직 개발되어야 할 기술과 생산단가를 많이 낮춰야 하는 문제점이 있다. 이에 자동차 회사들은 하이브리드 전기자동차라는 중간 단계를 이용하고 있는 것이다. 기존 대부분의 HEV의 경우 차량에 탑재된 축전지의 전기에너지를 이용하여 저속운전 영역에서 약 1~2km 이내의 짧은 거리만 순수 전기구동이 가능했던 반면, PHEV는 전기에너지를 이용하는 운전영역을 고속영역까지 대폭 확대시킴과 동시에 순수 전기구동 주행거리를 수십 km 이상으로 확장함으로써, 내연기관의 사용을 최소화하고 효율을 극대화하여 CO_2의 배출량 및 연료소모량을 저감하고, 대기환경 부하 저감 등의 효과를 기대할 수 있는 환경친화적인 자동차이다.

보통 주행거리를 늘리기 위해 에너지 밀도가 높은 리튬이온 배터리를 사용하며, 60～80km까지는 순수한 모터의 힘만으로 달리게 되어 배터리의 용량이 커지게 된다. 하이브리드 전기자동차 대비 배출가스가 40～50% 저감된다.

PHEV는 하이브리드 전기자동차와 마찬가지로 동력계 구조에 따라 바퀴축과 발전기가 연결된 직렬 방식, 병렬 방식, 직·병렬 방식으로 구분된다. 각 방식의 차이는 엔진과 모터가 어떤 역할을 맡고 있는지가 핵심이다.

직렬 방식 PHEV는 엔진이 발전기를 돌리고, 발전기가 모터에 전류를 공급해 구동축을 움직이는 방식이다. 구동축을 움직이는 역할은 모터가 하며 엔진은 모터에 전력을 공급하는 역할만 한다.

병렬 방식 PHEV는 엔진과 모터가 동시에 구동축에 힘을 전달하는 방식이다. 엔진이 구동축에 바로 연결되기 때문에 직렬 방식과 달리 엔진에서 얻어진 기계적 에너지를 전기에너지로 바꾸지 않아도 된다는 것이 장점이다.

직·병렬 방식은 직렬 방식과 병렬 방식을 상황에 따라 유연하게 바꿔가며 사용할 수 있는 방식이다. 엔진 힘이 구동축에 직접 전달되기도 하고, 모터만으로 사용할 수 있기도 해서 편리하다. 저속에서는 직렬 시스템을 사용하고, 고속에서는 병렬 시스템을 사용하기 때문에 연비와 출력 모두 장점을 가질 수 있다.

표 4 | PHEV의 구분과 비교

구분	구동 방식	비고
직렬 PHEV	• 대표적인 구조 • 엔진이 발전기를 돌리고, 발전기가 모터에 전류를 공급해 구동축을 움직이는 방식 • 구동축을 움직이는 역할은 모터가 하며, 엔진은 모터에 전력을 공급하는 역할만 한다.	쉐보레 볼트
병렬 PHEV	• 엔진과 모터가 동시에 구동축에 힘을 전달하는 방식 • 엔진이 구동축에 바로 연결되기 때문에 직렬 하이브리드 시스템과 달리 엔진에서 얻어진 기계적 에너지를 전기에너지로 바꾸지 않아도 된다는 것이 장점	혼다 인사이트 혼다 시빅
직·병렬 PHEV	• 직렬 방식과 병렬 방식을 상황에 따라 유연하게 바꿔가며 사용할 수 있는 방식 • 엔진 힘이 구동축에 직접 전달되기도 하고 모터만으로 사용할 수 있기도 해서 편리 • 저속에서는 직렬 시스템을 사용하고, 고속에서는 병렬 시스템을 사용하기 때문에 연비와 출력 모두 장점을 가질 수 있다. 직·병렬 하이브리드 시스템이 사용	도요타 프리우스 도요타 렉서스

표 5 | 동력원에 따른 구분

구분		특징	
내연기관		• 기존의 엔진과 변속기를 동력원으로 사용	엔진
HEV	Micro(Mild) HEV	• 공회전 시 엔진이 정지 • 모터는 보조 역할만 하는 단순 시스템 • 소형 자동차에 적합한 방식 •Citroen C2	엔진 + 모터(보조 미비)
	Soft(Power Assist) HEV	• 기존 엔진에 모터로 보조 • 전기 주행모드가 없다. • 시동이나 가속 순간에만 모터가 엔진을 보조 • 대부분의 병렬형 방식 • 현대자동차 아반테 LPI HEV 및 혼다 시빅	엔진(주) + 모터(보조)
	Hard(Full) HEV	• 모터가 출발과 가속 시에만 역할을 하는 게 아니라 주행에 주된 역할	모터(주) + 엔진(보조)

구분		특징	
		• 전기 주행모드가 있다. • 하이브리드의 주류가 될 것 • 직렬형, 혼합형(직·병렬형) • 도요타의 프리우스	
PHEV(Plug-In HEV)		• 기본적으로 모터로 움직이지만 축전지 범위를 넘어서는 거리는 엔진을 이용해 발전기를 돌리는 방식 • 동력원은 전기만 쓰지만 충전에 필요한 내연엔진을 내장한 자동차 • 가정용 콘센트를 이용해 자동차를 충전시키는 구조	모터(주) + 엔진(배터리 충전)

2 하이브리드 전기자동차 구성

1 하이브리드 전기자동차 배터리 시스템

01 고전압 배터리

고전압 배터리는 하이브리드 전기자동차에 모터 작동을 위한 전기에너지를 공급하는 기능을 한다. 주로 LIPB(리튬이온 폴리머) 배터리가 사용된다. LIPB(리튬 폴리머) 배터리는 음극에 탄소, 양극에 $LiCoO_2$(리튬 코발트 산화물), $LiNiO_2$(니켈산리튬), $LiMn_2O_4$(리튬 망간 산화물) 등의 금속산화물이 있고, 전해질로는 Polymer(고분자)를 사용한다. 전해질은 수용액 상태에서 이온으로 쪼개져 전류가 흐르는 물질이며, 대표적인 전해질로는 염화나트륨, 황산, 염산, 수산화나트륨, 수산화칼륨, 질산나트륨 등이 있다.

리튬이온 폴리머 배터리는 화학 안정성이 높고, 에너지 효율이 좋은 고체 또는 젤 상태의 고분자를 전해질로 사용한 리튬 2차 전지로 전지가 파손되어도 발화하거나 폭발할 위험이 거의 없다. 리튬이온 폴리머 배터리는 기존의 니켈 수소배터리에 비해 무게가 30% 가볍고, 부피가 40% 적어 효율성이 뛰어나고, 차량 내부 공간 활용성도 높아 요즘 주로 사용한다.

그림 16 | 리튬 폴리머 배터리

출처: 김영일 외(2021)

리튬이온 폴리머 배터리의 장점은 높은 에너지 저장밀도, 높은 전압, 폴리머 상태의 전해질 사용으로 높은 안정성, 다양한 설계기 가능하다는 것이다. 단점으로는 제조공정이 복잡하여 가격이 비싸고, 폴리머 전해질로 액체 전해질보다 이온의 전도율이 떨어지며, 저온에서 사용 특성이 떨어진다는 점이다.

일반 내연기관에서 사용하였던 12V 배터리는 하이브리드 전기자동차에서는 저전압 배터리(12V)라 부르며, 12V 납산 배터리 대신 리튬인산철을 사용하여 기존보다 무게를 많이 줄였다.

쏘나타 하이브리드 전기자동차에 사용되는 DC정격의 리튬이온 폴리머(파우치타입) 배터리 셀의 전압은 3.75V, 용량은 5.5Ah이다. 8개의 셀로 구성되어 1개의 모듈을 구성하고, DC 30V의 배터리 모듈을 직렬로 연결되는 구조로 9개의 CMA(Cell Module Assembly)가 270V의 1개의 팩을 구성(고전압 배터리)한다.

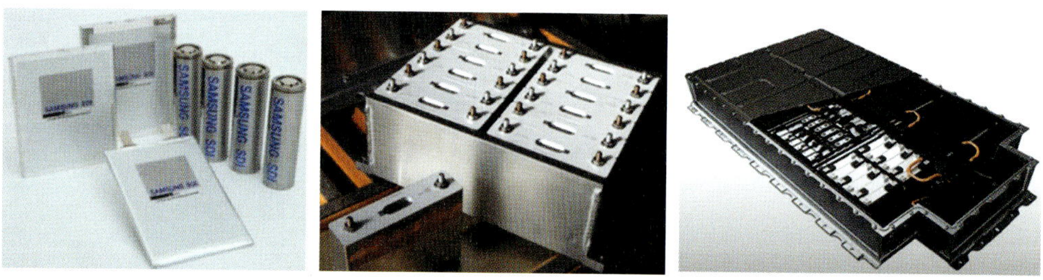

(a) 셀(Cell) (b) 모듈(Moudule) (c) 팩(Pack)

그림 17 | 고전압 배터리 팩 어셈블리

출처: https://cdn.kipost.net/news/photo/202105/208477_50468_428.jpg

(1) 고전압 배터리 주요 구성

하이브리드 전기자동차 고전압 배터리는 고전압 배터리팩과 그 배터리를 제어하는 BMS가 있으며, 그 주변에 PRA, 안전플러그, 냉각팬, 냉각덕트, 전원공급 및 안전제어를 위한 각종 릴레이와 퓨즈, 안전플러그 및 센서 등으로 구성되어 있다.

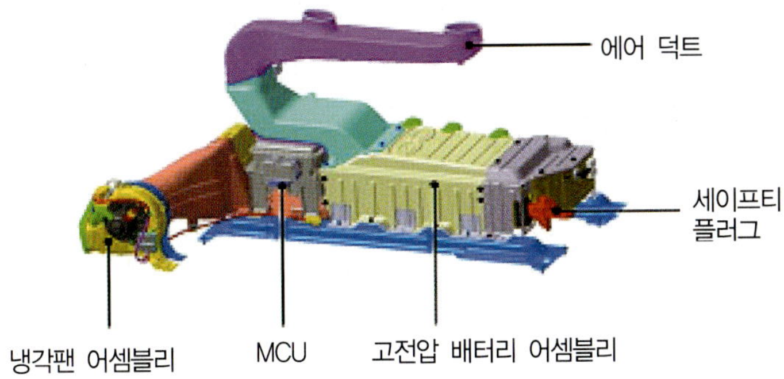

그림 18 | 고전압 배터리 시스템 구성(쏘나타 하이브리드)

출처: 김영일 외(2021)

표 6 | 구성 부품 주요기능

구분	기능
고전압 배터리	전기에너지 저장 및 고전압 부품에 에너지 공급
BMS	• 배터리 SOC 예측 • PRA(고전압 릴레이) 및 고전압 배터리 냉각팬 제어
PRA(고전압 릴레이 어셈블리)	• 배터리의 고전압과 고전압 부품 사이의 전원 연결 및 차단 • 현재 흐르는 전류 측정
냉각팬	• 고전압 배터리 냉각 • PWM 제어
냉각 덕트	냉각 유량 확보 및 소음 저감

*SOC(State of Charge, 잔존용량)

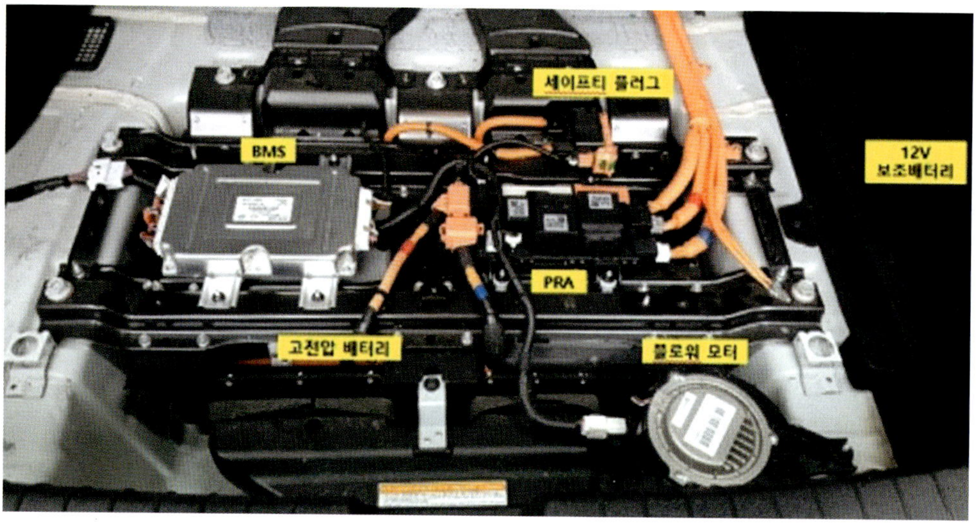

그림 19 | 하이브리드 전기자동차 고전압 배터리 구성

출처: https://www.team-meg.com

(2) 고전압 배터리 주요 기능

1) 배터리팩(Pack) 어셈블리

일반적으로 하이브리드 전기자동차에 사용되는 배터리는 리튬이온 폴리머 배터리(Li-Ion Polymer Battery, LIPB)가 많이 사용된다.

셀(Cell), 모듈(Module), 팩(Pack)으로 구성되는 하이브리드 전기자동차 배터리는 배터리 셀을 여러 개 묶어서 모듈을 만들고, 모듈을 여러 개 묶어서 팩을 만드는데, 자동차에는 최종적으로 배터리가 하나의 팩 형태로 들어간다.

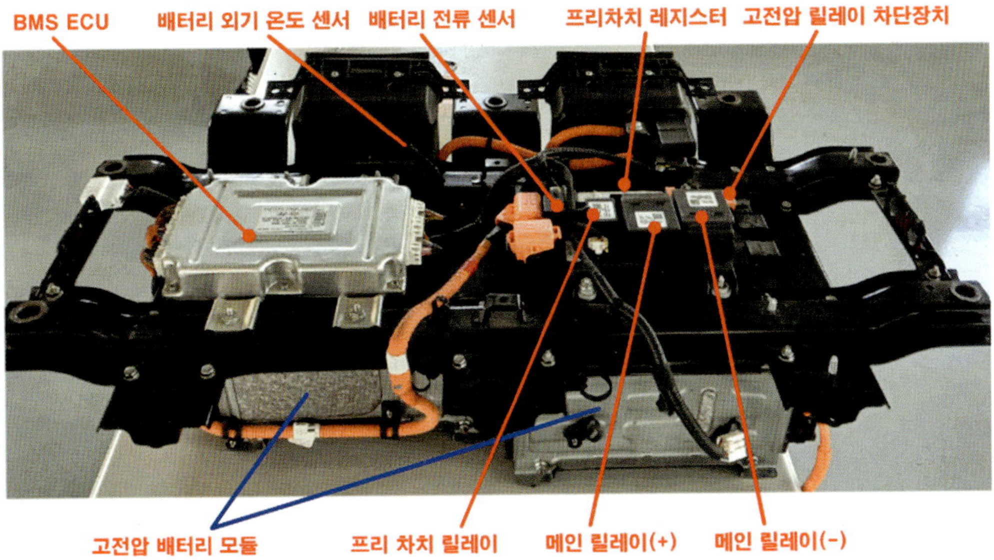

그림 20 | 하이브리드 전기자동차 고전압 배터리 구성

출처: http://jwkang7.wo.to/pds11/1111.htm

2) 파워 릴레이 어셈블리(PRA: Power Relay Assembly) 구성부품

파워 릴레이 어셈블리(PRA)는 하이브리드 고전압 배터리 시스템의 전력을 모터로 공급 및 차단하는 장치로 고전압 배터리 앞에 장착된다.

기준보다 높은 전류가 흐르거나, 특정 부품에 과도한 전류를 소모하면 전류를 차단해 안전사고를 막는 기능을 한다. 릴레이 구동 전 고전압 돌입전류에 의한 인버터 손상을 방지하기 위해서 프리차저 릴레이(Precharger Relay)를 통해 초기 충전을 하며, DC 전압으로 급속 충전하기 위한 급속 충전 릴레이도 구성된다.

PRA 내부에는 메인 릴레이(+, -), 프리차저 릴레이(Precharger Relay), 프리차저 저항(Precharger Registor), PRA 온도센서, 고전압과 저전압 전류센서, 고전압 충전 관련 퓨즈 및 안전 플러그(Safety Plug) 등으로 구성되어 있다. 이 구성 부품들은 고전압 배터리 BMS에 의해 제어된다.

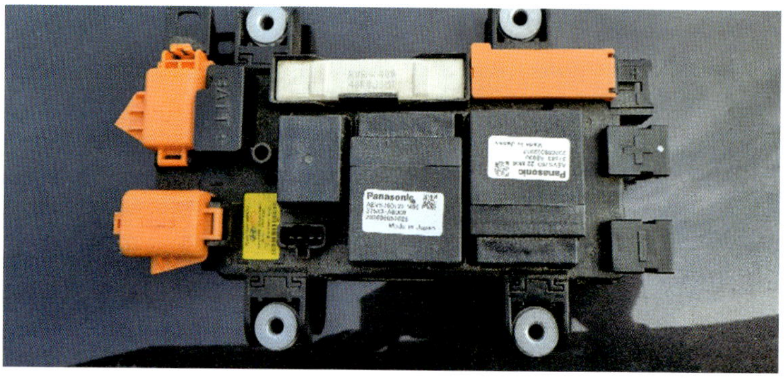

그림 21 | PRA 구성 부품

① 메인 릴레이(+, -)

고전압 배터리에서 공급되는 전원을 인버터(고전압 장치)에 공급 또는 차단하고, (+) 릴레이에서 출력된 전원은 (-)릴레이를 통해 고전압 배터리로 접지된다.

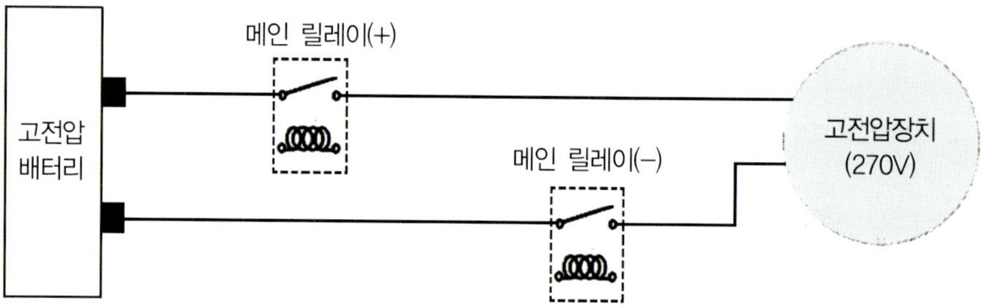

그림 22 | 하이브리드 전기자동차 메인 릴레이 작동도

출처: 김영일 외(2021)

② 프리차저 릴레이(Precharger Relay) 및 레지스터(Precharger Registor)

이그니션 ON 시 MCU(Motor Control Unit)는 고전압 배터리 전원을 인버터로 공급하기 위해 메인 릴레이 (+)와 (-)릴레이를 작동시키게 되는데, 프리차저 릴레이는 메인 릴레이 (+)와 병렬회로로 구성되어 있다.

초기 시동 시 고전압 배터리의 높은 전류가 순간적으로 흘러 고가의 부품에 손상을 입히는 일을 막고자 프리차저 릴레이(Pre-Charge Relay)를 이용한다.

배터리의 본격적인 전압보다 낮은 전압을 고전압 부품에 공급한 뒤 단계적으로 전압을 끌어올려 부품에 전달되는 전압 충격을 최소화하는 역할을 한다. 메인 릴레이 구동 전, 먼저 구동되어 고전압을 프리차저 저항을 통해 인버터로 공급하여 급격한 입력에 따른 돌입전류를 방지한다. 프리차저 릴레이는 (+)전원만 릴레이를 통해 공급하며, 공급된 전원은 (-)메인 릴레이를 통해 고전압 배터리로 접지된다.

MCU는 프리차저 릴레이 작동 직후 완만한 전압상승이 완료되면 메인 릴레이(+)를 작동시켜 정상적인 고전압의 전원공급을 완료하고, 즉시 프리차저 릴레이를 OFF시킨다. 따라서 이그니션 ON 시 릴레이 작동순서는 메인 릴레이(-), 프리차저 릴레이, 메인 릴레이(+) 순이 된다.

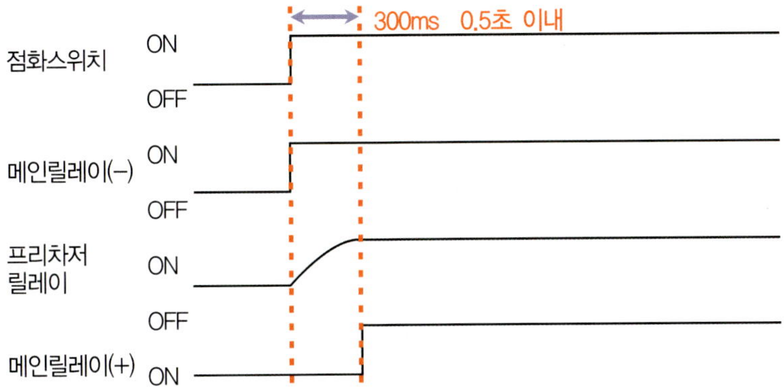

그림 23 | 고전압 배터리 릴레이 제어

출처: 김영일 외(2021)

③ 전류센서

현재 흐르는 전류 양을 검출하며, 고전압 배터리 (-)케이블측에 설치된다. 배터리로 충·방전되는 전류량을 측정하기 위한 센서이다. SOC 및 가용 파워 계산에 사용되며, 진단기를 이용하여 전류값을 확인할 수 있다. 방전 시에는 (+)전류값이 측정되고, 충전 시에는 (-)전류값이 측정된다.

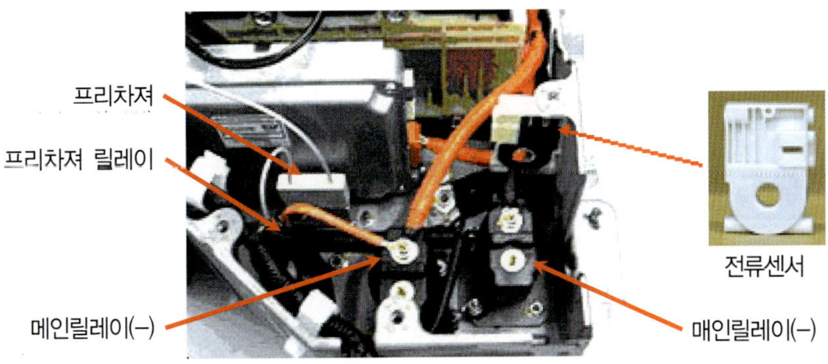

그림 24 | 전류센서

출처: 김영일 외(2021)

④ 안전 플러그(Safety Plug)

고전압 배터리는 고전압 장치이기 때문에 취급 시 안전에 유의해야 한다. 안전 플러그는 고전압 배터리 전원을 임의로 차단시킬 수 있는 전원 분리장치로 과전류 방지용 퓨즈를 포함하고 있다.

고전압 전기 동력시스템과 관련된 부품 탈·부착이나 정비점검 시 안전 플러그를 탈거하면 고전압을 차단시킬 수 있으므로, 유의하여 작업을 해야 하고 엔진 시동 상태 또는 이그니션 ON 상태에서는 안전 플러그를 탈거하지 말아야 한다.

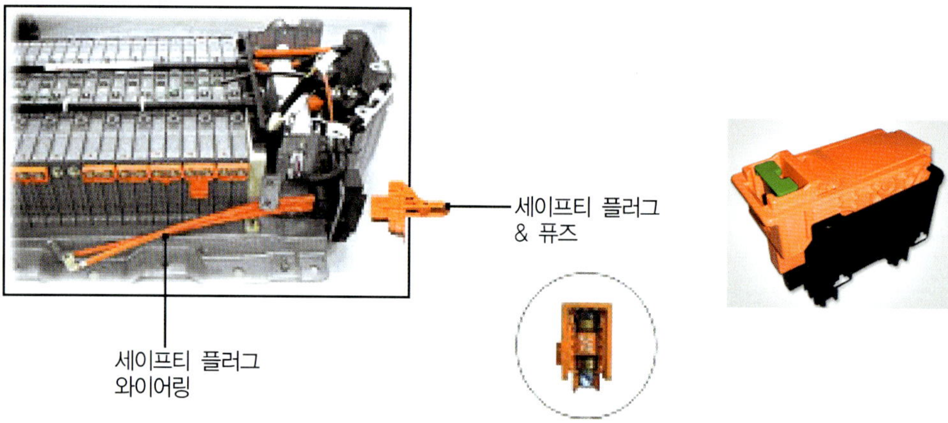

그림 25 | 하이브리드 전기자동차 안전 플러그(safety plug)

출처: 김영일 외(2021)

3) PRA 회로

브레이크 페달을 밟은 상태로 시동 버튼을 누르면 HCU(Hybrid Control Unit)는 고전압 시스템 진단 후 이상이 없을 경우 Ready 상태로 진입한다.

BMS(Battery Management System)는 HCU 신호에 의해 12V 전원을 해당 릴레이로 인가하여 구동하고, 고전압 배터리 전원을 HPCU(Hybrid Power Control Unit)에 장착된 고전압 정션 블록을 통해 인버터로 출력하여 고전압 장치가 구동 준비 상태가 될 수 있도록 고전압을 공급한다.

고전압 릴레이 제어는 시동키 ON/OFF 시 고전압 배터리와 고전압을 사용하는 부품에 전원공급 및 전원 차단 역할을 하며, 고전압계 부품 1차 고장으로 인한 2차 사고(감전, 화재 등) 방지목적이다.

릴레이 동작 순서는 다음과 같다.

① HCU로부터 릴레이 구동신호입력

② 메인 릴레이(-) 구동(인버터 내부 콘덴서 충전 및 돌입전류 감소)

③ 프리차저 릴레이 구동

④ 메인 릴레이(+) 구동(정상적인 고전압 공급)

⑤ 프리차저 릴레이 차단

⑥ 고전압 시스템에 안정적인 고전압 공급

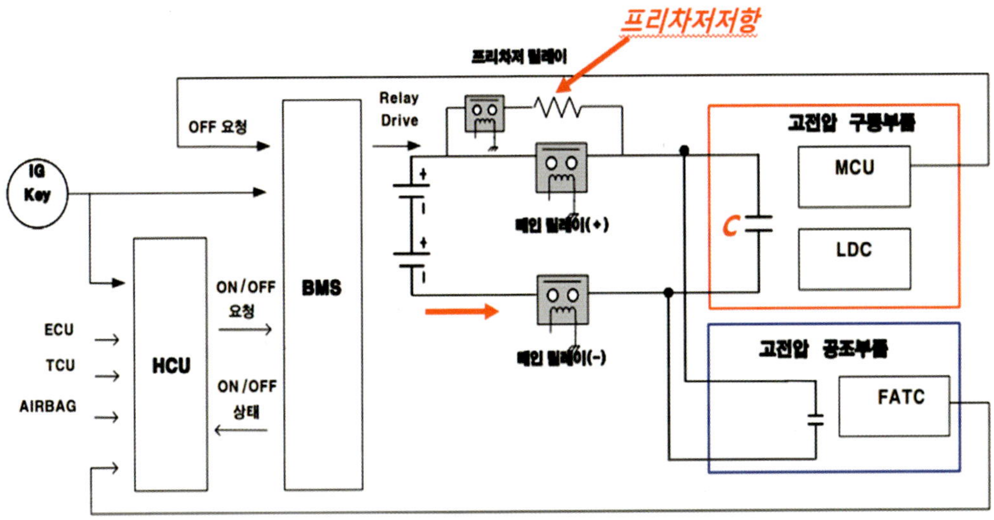

그림 26 | 하이브리드 전기자동차 고전압 릴레이 계통도

(3) 고전압 배터리 시스템의 취급 시 유의사항

① 고전압으로 작동되는 장치이므로 시동키 2단(ON) 또는 엔진 시동 상태에서는 관련 부품을 만지거나 탈·부착하지 않는다.

② 고전압 배터리에 연결된 DC 파워 케이블(+, -)은 감전의 우려가 있으므로, 안전조치를 취하지 않은 상태에서 손으로 만지거나 임의로 탈·부착하지 않는다.

③ 고전압 배터리는 트렁크 룸 내부에 장착되므로 과다한 화물 적재 또는 충격이 가해지지 않도록 유의한다(부품손상, 배터리 냉각 및 환기 불량 초래).

④ 고전압 배터리 시스템 관련 부품의 정비・점검 및 수리 작업은 직영 서비스센터로 의뢰한다.

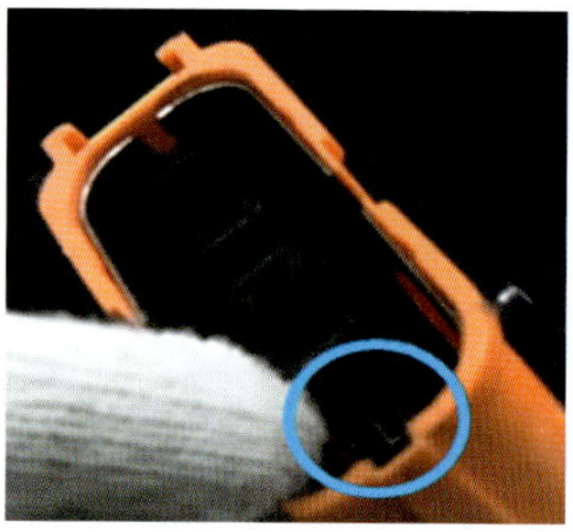

그림 27 | 하이브리드 전기자동차 단락 시 경고 장치

(a) 커넥터 탈부착 주의 (b) 감전주의 (c) 과적주의

그림 28 | 고전압 배터리 시스템의 취급 시 유의사항

출처: 김영일 외(2021)

고전압 배터리 또는 차량 화재 발생 시에는 다음과 같이 한다.

① 차량의 시동키를 OFF하여 전기 동력시스템 작동을 차단시킨다. (고전압 배터리 전기에너지 입・출력이 금지됨).

② 고전압 배터리 부위의 직접적인 화재가 아니거나 화재 초기 상태라면 트렁크를 열고 신속히 세이프티 플러그를 탈거한다(화재진행 중이라면 접근금지).

③ 실내 또는 밀폐된 공간에서 화재가 발생되었을 경우 수소가스의 원활한 방출을 위해 신속히 환기시킨 후 대피한다.

④ 화재진압을 위해서는 액체물질을 사용하지 말고 분말소화기 또는 모래를 이용한다.

⑤ 배터리에서 분출된 가스나 액체 성분이 피부 또는 눈에 침투되었을 경우 붕산액, 소금물 또는 흐르는 물로 환부를 신속하게 세척한 후 의사의 진료를 받는다.

고전압 배터리 또는 차량 장기 방치 시에는 다음과 같다.

① 차량의 시동키를 OFF하여 전기 동력 시스템 작동을 차단시킨다(고전압 배터리 전기에너지 입・출력이 금지됨).

② 고전압 배터리의 SOC(충전 상태)가 30% 이하일 경우(계기판의 SOC 게이지가 적색구간 이하) 2개월 이상 차량 장기방치 시 고전압 배터리의 재사용이 불가할 수 있으므로 주의한다.

③ 고전압 배터리의 SOC(충전 상태)가 정상(약 60%)일 경우라도 6개월 이상 장기 방치 시 고전압 배터리의 재사용이 불가할 수 있으므로 주의한다.

02 배터리 제어장치(BMS, Battery Management System)

고전압 배터리 제어장치인 BMS는 배터리의 잔존용량과 배터리 가용파워를 연산한다. 또한 배터리 성능 유지를 위한 전류, 전압, 온도, 사용시간 등 각종 정보를 모니터링하여 종합적으로 연산된 배터리 에너지 상태 정보를 HCU 또는 MCU로 송신하는 역할을 한다.

(1) BMS 주요기능

배터리 제어기인 BMS는 하이브리드 시스템의 핵심 부품인 고전압 배터리 관리를 담당하여 배터리의 잔존용량과 배터리 가용 파워를 연산하여 그 결과값을 상위 제어기인 HCU로 통보한다. 또 다른 기능은 배터리 관리를 위하여 배터리 셀 전압을 모니터링하여 셀 균형 제어와 배터리 냉각 제어를 담당하고, 충돌 시 배터리 과온 및 파괴에 대한 안진장치를 제이하게 된다.

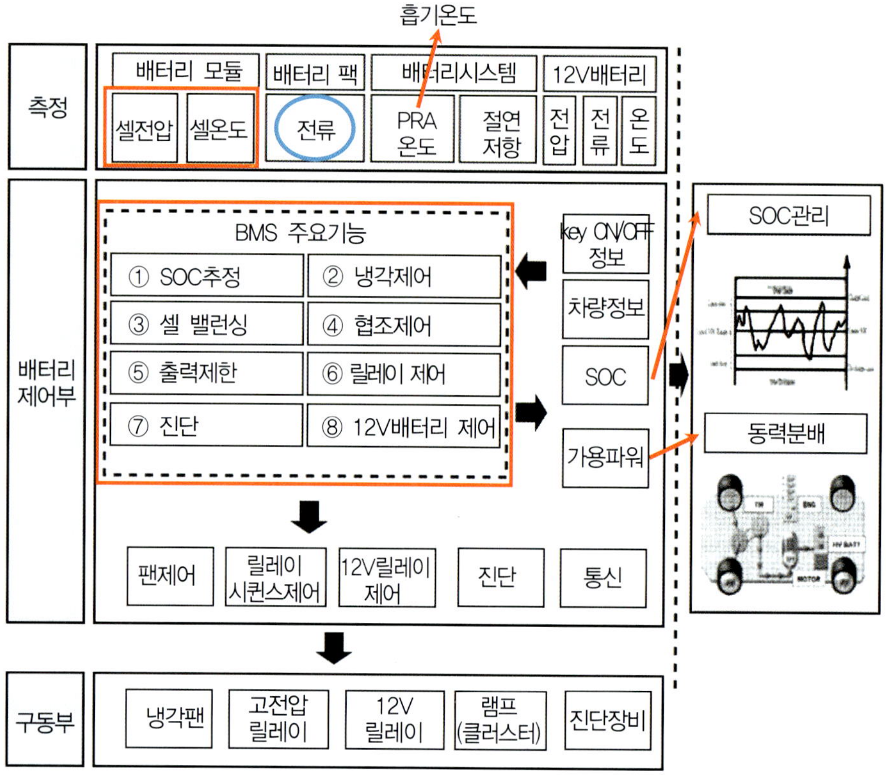

그림 29 | BMS 주요기능(쏘나타 하이브리드 전기자동차)

출처: 김영일 외(2021)

표 7 | BMS 주요기능

구분	기능
SOC 추정	• 배터리의 전압, 전류, 온도를 측정하여 배터리의 SOC를 계산하고 차량 제어기에 전송하여 적정 SOC 영역관리 • SOC : 배터리의 사용 가능한 에너지(배터리 정격용량 대비 방전 가능한 전류량의 백분율)
파워 제한	• 배터리 보호를 위해 상황별 입·출력 에너지 제한값을 산출하여 차량 제어기로 정보제공 • 배터리 가용파워 예측, 배터리 과충(방)전 방지, 내구성 확보, 배터리 충(방)전 에너지 극대화
진단	• 배터리 시스템 고장진단, 데이터 모니터링, 소프트웨어 Rewrite • Fail-Safe Level을 분류하여 출력 제한치를 규정 • 차량측 제어 이상 및 전지 열화에 의한 배터리의 안전사고를 방지하기 위해 릴레이를 제어
셀 밸런싱	• 배터리 충·방전과정에서 전압편차가 생긴 셀을 동일한 전압으로 매칭 • 배터리 내구 수명 증대, 사용가능 에너지 용량 증대, 배터리의 에너지 효율 증대
냉각 제어	• 최적의 배터리 동작 온도를 유지하기 위한 냉각팬을 이용하여 배터리 온도 유지 증대
고전압 릴레이 제어	• 고전압을 사용하는 구성품에 전원공급 및 차단 • 고전압계 고장으로 인한 안전사고 방지

1) 과충전 방지 스위치(OPD : Overvoltage Protection Device)

배터리 셀이 과충전에 의해 부풀어 오르면 메인 릴레이(+, -), 프리차저 릴레이의 코일 접지라인을 차단하여 릴레이의 작동을 금지하는 스위치이다.

작동과정은 다음과 같다.

① 배터리 셀의 전압이 4.65V(±0.05V) 이상으로 과충전될 경우, BMS 내 OPD 소자가 작동하여 릴레이 제어회로의 전원을 차단하게 된다.

② OPD가 작동되면 고전압 릴레이(MAIN+RELAY, MAIN-RELAY)를 제어하는 회로에 전원이 차단되어 고전압 시스템에 전원공급이 차단되게 된다.

③ OPD회로 동작 해체는 IG KEY OFF 후 IG KEY ON을 하면 OPD 동작이 해제된다.

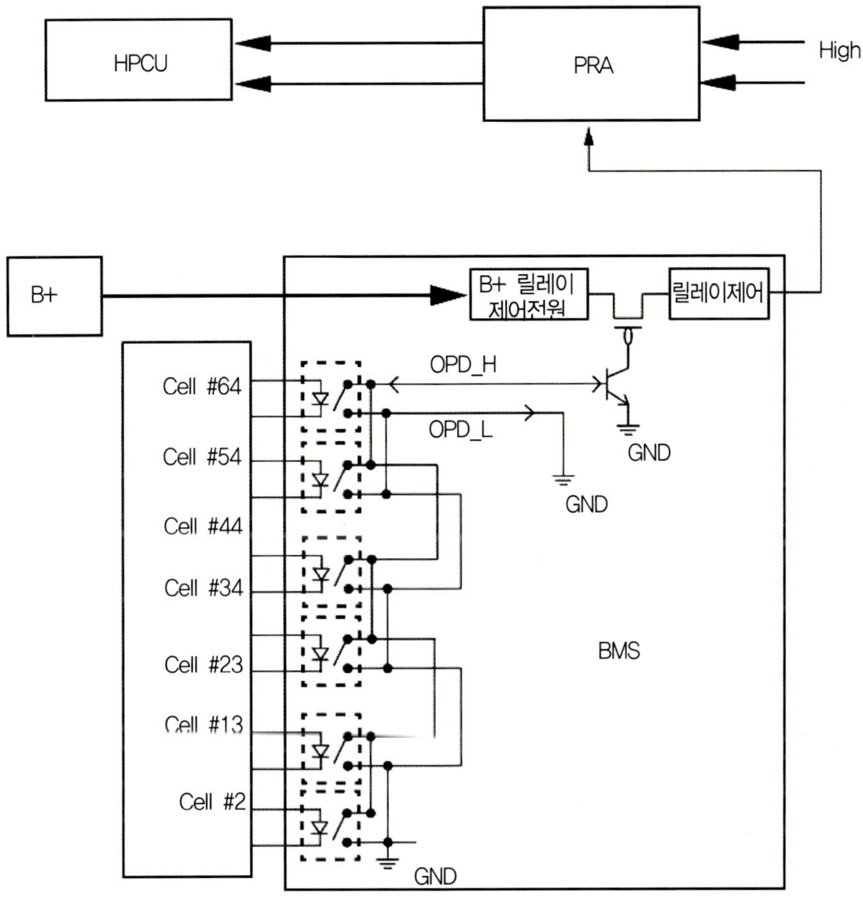

그림 30 | 과충전 방지 스위치 회로도(쏘나타 하이브리드 전기자동차)

출처: 김영일 외(2021)

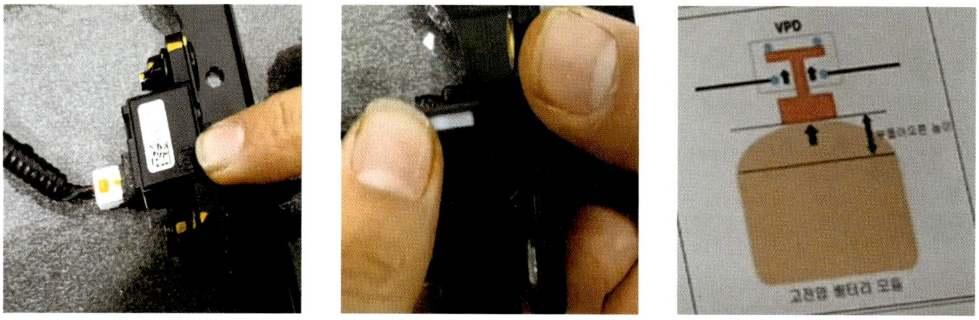

그림 31 | 과충전 방지 스위치

출처: 전국교원 자동차기술연수(현대정비연)

2) 셀 밸런싱

리튬이온 폴리머 배터리는 총 72개의 셀을 모아서 고전압 배터리를 구성하고 있기 때문에 각 셀들이 지니고 있는 잔류 전하량이 다르게 되면 충전전압 또한 편차가 생겨 일부 셀이 다른 셀보다 먼저 최대 전압에 이르는 현상이 발생하기도 한다. 과전압이 발생할 경우 셀 성능이 급격히 저하되는 특성이 있다.

이로 인해 셀의 균형이 깨지고 셀 충전 및 용량 불일치로 인해 주행거리에 대한 신뢰도가 낮아지게 된다. 이러한 현상을 막기 위해 BMS에서는 셀 밸런싱 기능을 수행하는데, BMS 내부에 72개의 밸런싱 릴레이를 두어 해당 셀과 연결된 저항을 이용해 에너지를 열로 소산하는 것을 의미하며, 가장 낮은 셀 전압에 맞추어 다른 셀의 방전을 유도함으로써 균형을 맞춘다. 또한 셀간 전압차가 일정 수준 이내가 되도록 제어한다. 이러한 방법을 수동형(Passive) 셀 밸런싱이라고 한다.

셀 밸런싱 방법에는 셀 전압을 낮추기 위해 저항으로 셀의 충전 에너지를 소비시키는 수동형(Passive)과 높은 전압의 셀의 충전에너지를 낮은 전압의 셀로 이동시키는 능동형(Active)으로 나뉜다.

수동형(Passive) 셀 밸런싱은 열 방출을 통해 용량이 더 많은 셀에서 전하를 제거해 모든 셀의 충전량을 동일하게 만드는 방식이다. 비교적 단순하고 비용이 낮아 경제적이지만, 여분의 전압을 활용하지 않고 소비시키기 때문에 에너지 효율성이 다소 떨어지며 충전 중에만 적용할 수 있다.

능동형(Active) 셀 밸런싱은 용량이 적은 셀에 더 많은 용량을 전달하면서 셀의 전하를 재분배해 동일하게 만드는 방식이다. 열을 방출하는 수동형 구조와 달리 에너지를 분배하므로 에너지 효율이 높고 충전 속도도 빠르다. 능동형은 충·방전 시 모두 적용할 수 있지만 추가적인 회로 구성이 복잡해 비용이 높은 편이다.

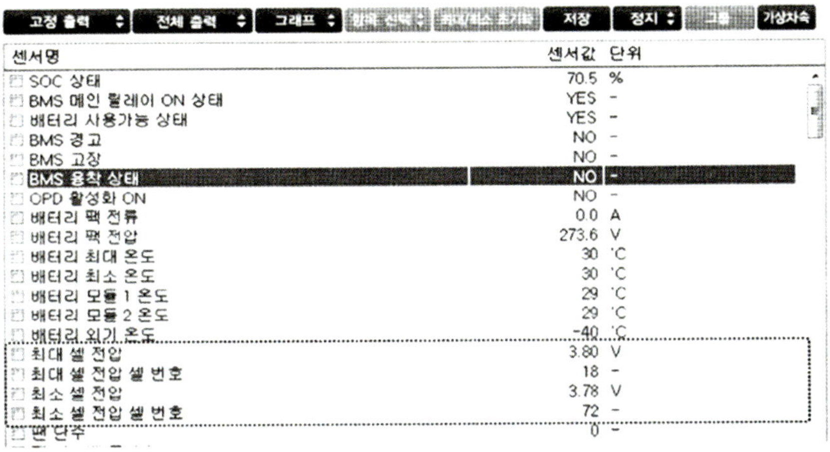

그림 32 | 셀 밸런싱(쏘나타 하이브리드 전기자동차)

출처: 김영일 외(2021)

3) 주요 센서 데이터(쏘나타 하이브리드 전기자동차)

항목	구분	분석내용
SOC 상태	의미	배터리 충전량 추정값
	조건	Key ON 후부터 충전상태 표시
BMS 메인 릴레이 ON 상태	의미	PRA의 메인 릴레이 ON(구동), OPEN(정지)을 의미
	조건	고전압 메인 릴레이가 ON 시 YES/고전압 메인 릴레이가 OPEN 시 NO
배터리사용 가능 상태	의미	고전압 배터리 사용가능 유무를 나타냄
	조건	메인 릴레이가 OFF 시 NO, 메인 릴레이가 ON되어도, 배터리 충・방전 허용치가 모두 0kW일 경우 NO
BMS 경고	의미	고전압 배터리 시스템의 경고(부분고장) 여부를 나타냄
	조건	고전압 배터리의 고장 발생 시 YES로 표시되며, 충・방전 출력 허용치가 일부분 제한됨
배터리팩 전압	의미	고전압 배터리팩 전압(72개 Cell의 전압 총 합계)
	조건	충전 시 팩 전압이 높아짐/방전 시 팩 전압이 낮아짐

항목	구분	분석내용
배터리 최대 온도 및 최소 온도	의미	고전압 배터리 9개 모듈 중 5, 9번 모듈에 온도센서가 있으며, 최대 및 최소 온도를 나타냄
	조건	통상 주행 시 30~40도 수준임(고전압 배터리 최소 온도와 최대 온도 차이는 통상 5도 이내 유지)
최대 셀 전압	의미	고전압 배터리 72개 셀 전압 중 최대값을 나타냄
	조건	고전압 배터리 셀 전압 2.5~4.3V 이내에서 동작
최대 셀 위치	의미	고전압 배터리 72개 셀 전압 중 최대값 셀의 위치를 나타냄
	조건	1~72 사이를 나타냄
최소 셀 전압	의미	고전압 배터리 72개 셀 전압 중 최소값을 나타냄
	조건	고전압 배터리 셀 전압 2.5~4.3V 이내에서 동작
최소전압 셀 위치	의미	고전압 배터리 72개 셀 전압 중 최소값 셀의 위치를 나타냄
	조건	1~72 사이를 나타냄
총 동작시간	의미	BMS가 동작한 총 시간
	조건	IGN ON부터 IGN OFF 시까지 BMS가 동작된 누적시간(실제 운행시간)
배터리 셀간전압 편차	의미	1~72셀 간 전압편차
	조건	최소 셀과 최대 셀의 전압 1V 이상 차이 시 점검 필요

(2) 고전압 배터리 제어시스템

하이브리드 전기자동차에서 고전압 배터리는 차량 내의 타 제어시스템(HCU : 하이브리드 컨트롤 유닛, MCU : 모터 컨트롤 유닛) 제어기와의 CAN 통신을 통하여 다음과 같은 항목들을 제어한다.

1) 에너지 입·출력 제어

고전압 배터리 시스템에 이상이 있을 경우 방전 전류량 제어를 통해 가용 에너지 입·출력 파워를 제한한다.

2) 안전 제어

에너지 입·출력과정에서 발생되는 수소가스에 의한 폭발방지를 위한 제어와 배터리 성능 또는 손상에 영향을 줄 수 있는 항목들을 모니터링하여 안전사고를 방지한다(BMS ECU).

3) 배터리 최적 동작 환경 조성

배터리 외부 온도 상승과 화학적 열 발생을 제한하기 위해 냉각 시스템을 제어하여 최적의 동작 환경을 조성한다.

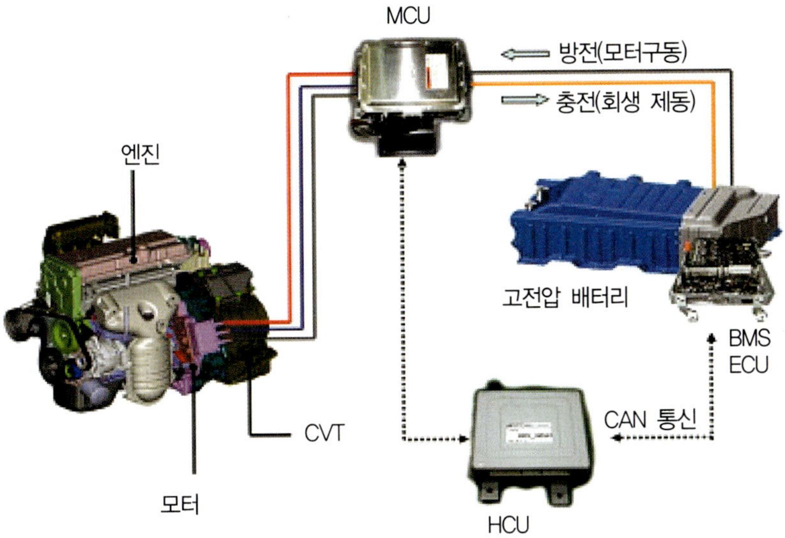

그림 33 | 고전압 배터리 에너지의 입·출력 개요

출처: 김영일 외(2021)

(3) 고전압 배터리 시스템의 제어 특성

1) 차량에서의 동작 모드 정의

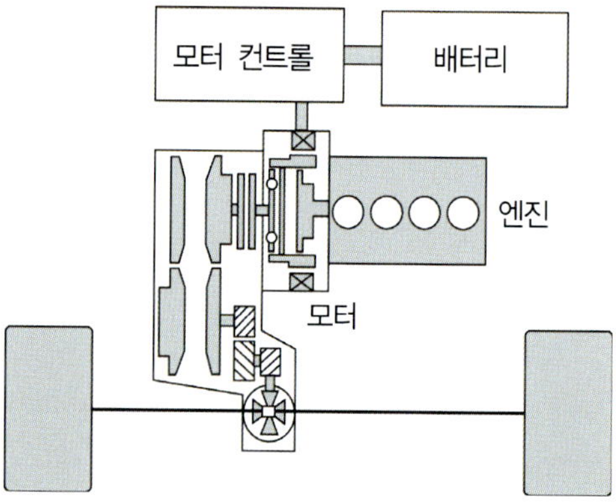

그림 34 | 차량에서 고전압 배터리 동작모드 정의

출처: 김영일 외(2021)

① 방전 모드(Discharge, 모드 1)

모터 구동을 위해 고전압 배터리가 전기에너지를 방출하는 동작 모드이며, 모터 동작 요구 토크에 따라 방전 전류량은 달라진다.

② 정지 모드(No Power, 모드 2)

고전압 배터리의 전기에너지 입·출력이 발생되지 않는 동작 모드이다.

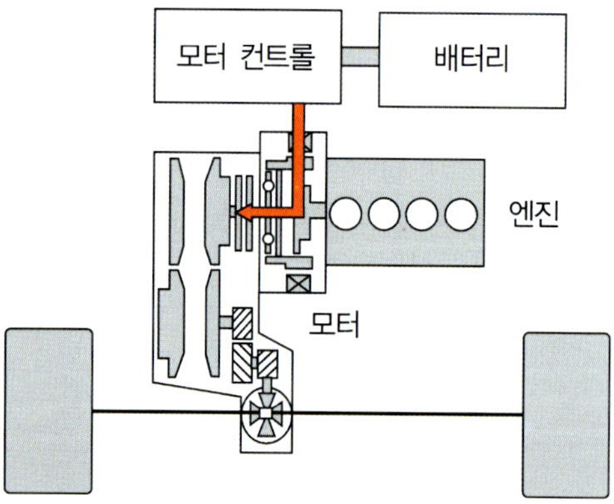

그림 35 | 방전 모드

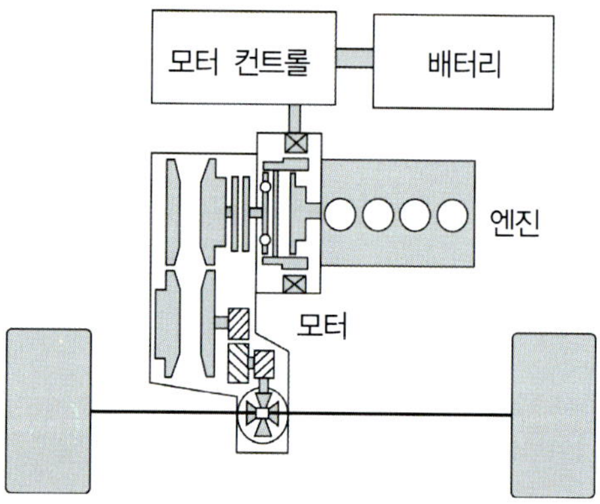

그림 36 | 정지 모드

출처: 김영일 외(2021)

③ 충전, 회생 제동 모드(Generating, Regenerating, 모드 3)

고전압 배터리가 소모한 전기에너지를 회수·충전하는 동작 모드로, 충전 모드와 재생 모드로 구분된다.

충전 모드는 공회전 또는 정속주행과 같이 일반적인 주행 상태에서 고전압 배터리의 SOC(State Of Charge : 충전 상태)가 낮을 경우 모터에서 발생된 전기에너지를 고전압 배터리로 충전시키는 동작 모드이며, 회수할 전기량은 HCU(하이브리드 컨트롤 유닛)가 결정하여 MCU(모터 컨트롤 유닛)로 CAN 통신라인을 통해 명령을 주고, MCU는 모터를 충전 모드로 제어하여 회수된 전기에너지를 DC로 변환시켜 고전압 배터리로 보내준다.

재생 모드는 주행 중 감속 또는 브레이크에 의한 제동발생 시점에서 모터를 충전 모드로 제어하여 전기에너지를 회수하는 동작 모드를 말하며, 충전 모드와 동일한 제어과정을 가진다.

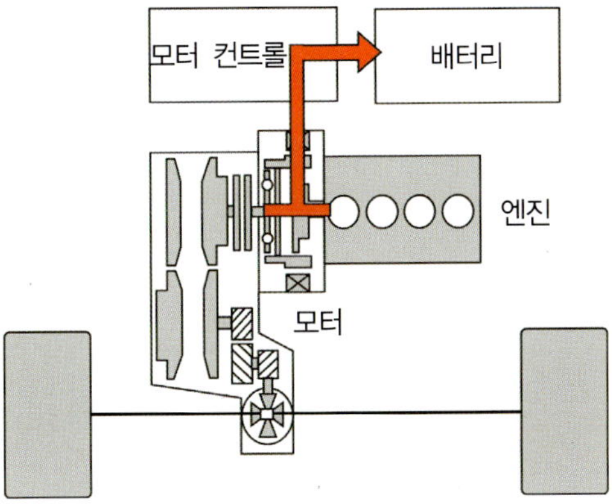

그림 37 | 충전·재생 제동모드

출처: 김영일 외(2021)

2) 차량 주행 상태에서의 배터리 제어 특성

차량 주행 모드에는 시동 모드, 발진 및 가속 모드, 정속 주행 모드, 감속 및 회생제동 모드, 아이들 스탑 모드가 있다. 차량 주행 모드에 따라 배터리 제어는 각 특성에 따라 차이를 보이며, 내용은 다음과 같다.

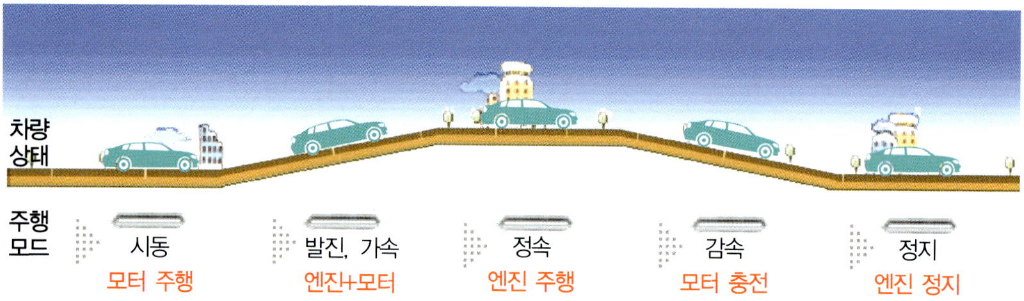

그림 38 | 주행 상태에 따른 배터리 제어 특성

출처: 김영일 외(2021)

① 시동 모드

하이브리드 전기자동차는 고전압 배터리를 포함한 모든 전기 동력 시스템이 정상일 경우 모터를 이용한 엔진 시동을 제어한다.

고전압 배터리 시스템에 이상이 있거나 배터리의 SOC(충전상태)가 기준치 이하로 떨어질 경우 HCU(하이브리드 컨트롤 유닛)는 모터를 이용한 엔진 시동을 금지시키고, 12V 스타터모터를 작동시켜 엔진 시동을 제어한다(Fail Safe).

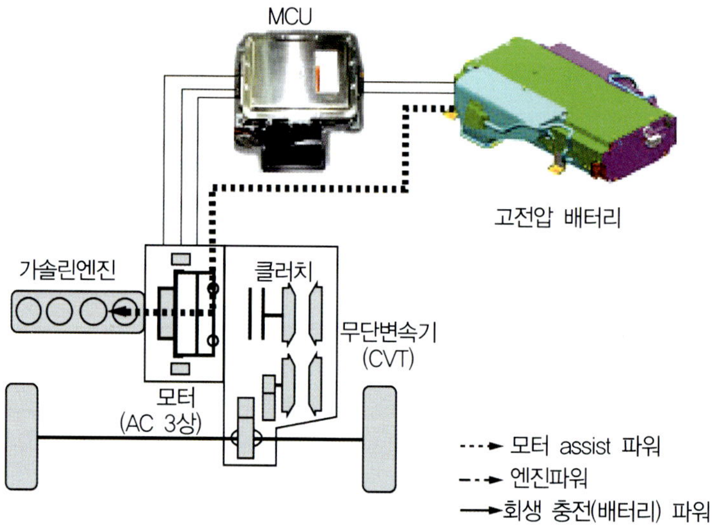

그림 39 | 고전압 배터리 에너지 흐름(시동 모드)

출처: 김영일 외(2021)

② 발진 및 가속 모드

발진 또는 가속 모드에서 HCU(하이브리드 컨트롤 유닛)는 운전자의 토크 요구 정도양을 연산하여, 엔진과 모터의 토크 분배량을 결정하고 고전압 배터리의 SOC(충전 상태)에 따라 모터 출력을 제어한다. 또한 HCU는 고전압 배터리의 SOC 상태가 낮을 경우 발진 또는 가속 모드에서 모터 구동을 제한하거나 충전 모드로 전환시키는 SOC 상태에 따른 제어를 수행한다.

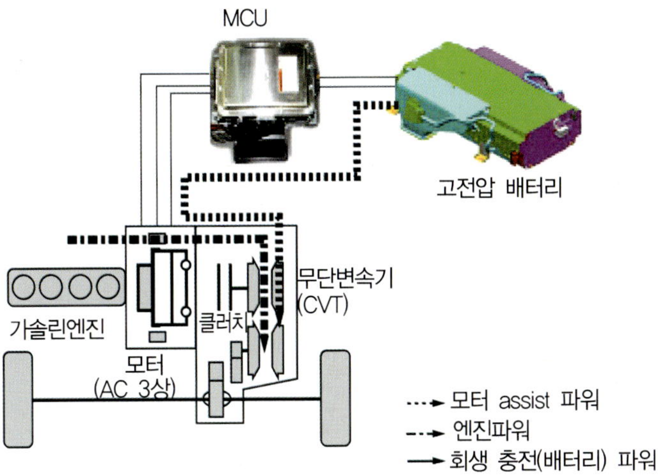

그림 40 | 고전압 배터리 에너지 흐름(발진 및 가속 모드)

출처: 김영일 외(2021)

③ 정속 주행 모드

정속 주행과 같이 엔진 부하가 낮은 영역에서는 엔진 출력만으로 효율적인 운전이 가능하기 때문에 모터를 이용한 동력보조는 이루어지지 않는다.

정속 주행 모드일지라도 고전압 배터리의 SOC 상태가 낮다면 HCU는 엔진의 여유 출력이 발생되는 영역에서 충전 모드로 전환시키는 SOC 상태에 따른 제어를 실행한다

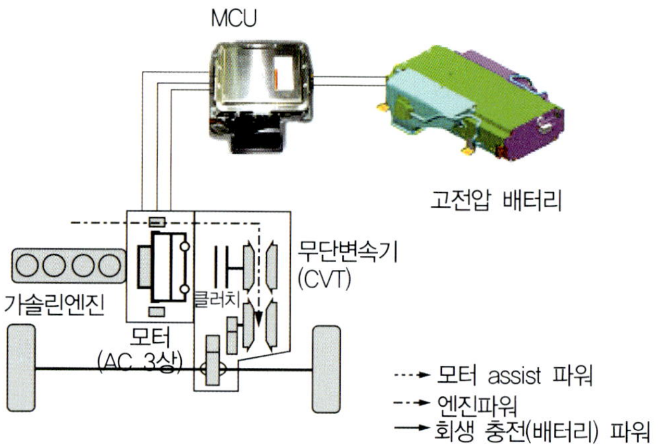

(a) 배터리 SOC 양호

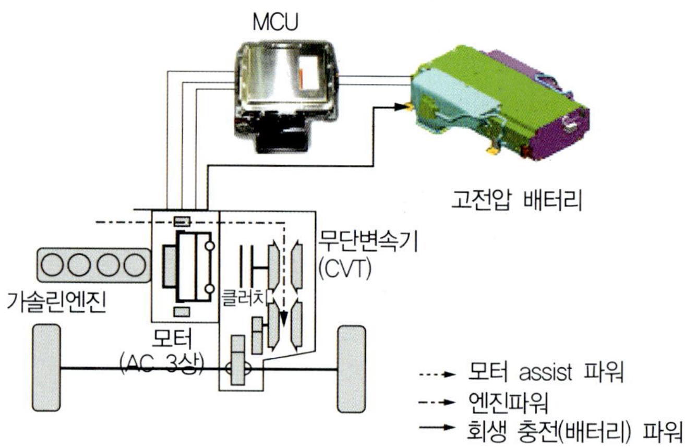

(b) 배터리 SOC 부족-재생

그림 41 | 고전압 배터리 에너지 흐름(정속 주행 모드)

출처: 김영일 외(2021)

④ 감속 & 회생 제동 모드

일반 차량은 주행 중 감속 또는 제동 시점에서 발생되는 에너지가 마찰식 브레이크를 사용함으로써 열로 소산되지만, 하이브리드 전기자동차에서는 모터를 발전 모드로 전환시켜 제동에너지의 일부를 전기에너지로 회수하게 된다. HCU는 고전압 배터리의 SOC 상태에 따라 감속 또는 제동 모드에서 충전 모드로 전환시키는 제어를 실행한다.

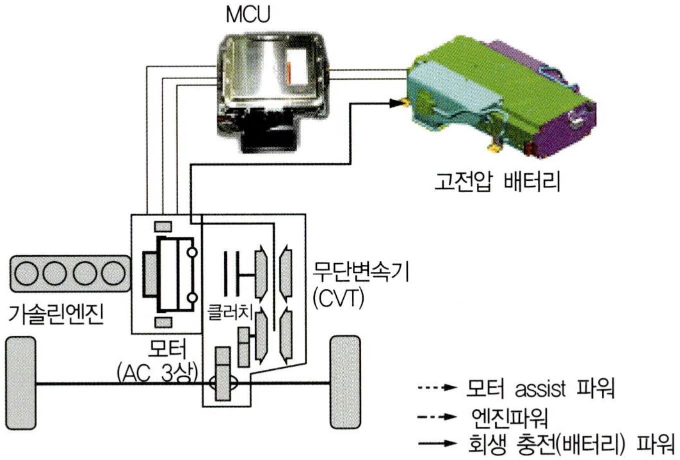

그림 42 | 고전압 배터리 에너지 흐름(감속 및 회생재생 모드)

출처: 김영일 외(2021)

⑤ 아이들 스탑모드(Idle Stop : 공회전 정지)

아이들 스탑은 차량이 정지할 경우 연료 소비를 줄이고 배기가스를 저감시키기 위해 엔진을 자동으로 정지시키는 기능이다. HCU는 아이들 스탑이 해제되면 모터를 이용해 엔진 크랭킹과 엔진 연료분사를 재개하여 엔진을 재시동시킨다.

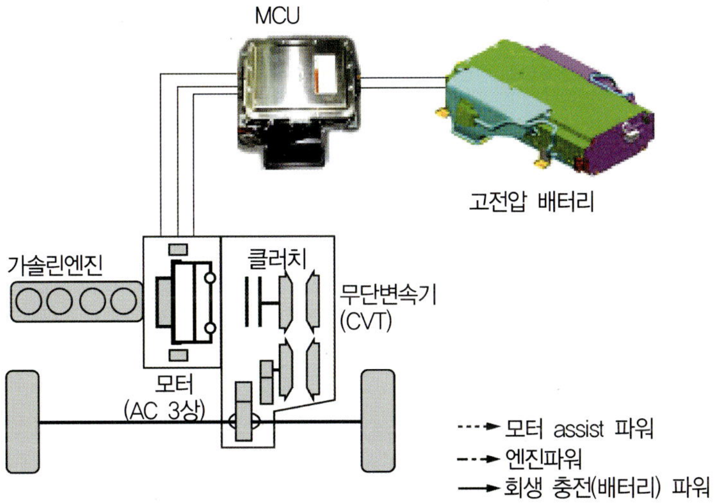

그림 43 | 고전압 배터리 에너지 흐름(아이들 스탑 모드)

출처: 김영일 외(2021)

3) SOC에(충전 상태) 따른 배터리 제어 특성

하이브리드 전기자동차는 모터를 이용해 엔진의 동력을 보조하는 시스템이기 때문에 전기 동력 시스템이 정상적으로 동작하기 위해서는 전기에너지 공급원인 고전압 배터리가 최적의 효율을 낼 수 있도록 SOC(State Of Charge, 충전 상태)를 유지할 필요성이 있다.

하이브리드 컨트롤 유닛은 고전압 배터리의 SOC를 지속적으로 모니터링하고, SOC에 따라 각 주행 모드에서 충전 및 방전을 제어한다.

표 8 | 충전 상태에 따른 제어 내용

고전압 배터리 충전영역	제어내용
고 충전영역	방전 지향, 충전금지
동작 충전영역 : ~70%	방전 지향, 충전허용
최적 충전영역 : 55~65%	충・방전 제어
동작 충전영역 : 20%~	충전 지향, 방전허용
저 충전영역	충전 지향, 방전금지

① SOC 상태에 따른 전략 제어

하이브리드 컨트롤 유닛(HCU)은 고전압 배터리가 최적의 효율을 낼 수 있는 영역인 55~65%의 SOC를 유지하도록 제어한다. 아래 표는 고전압 배터리의 SOC에 따라 HCU가 모터 시동, 모터를 이용한 동력 보조, 회생 제동, 부분부하 및 아이들 충전 등을 어떻게 제어하는지를 보여주고 있다

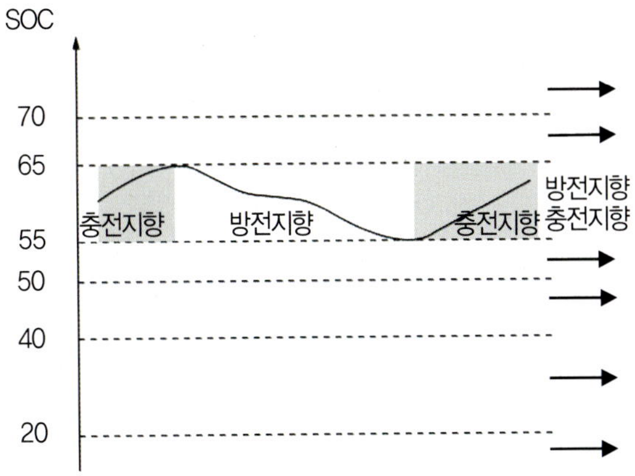

<table>
<tr><th>모터시동
(아이들
정지)</th><th>모터
보조</th><th>부압
제어</th><th>회생
제동</th><th>부분
부하
충전</th><th>아이들
충전</th></tr>
<tr><td>0</td><td>0</td><td>0</td><td>X</td><td>X</td><td>X</td></tr>
<tr><td>0</td><td>0</td><td>0</td><td>저감</td><td>X</td><td>X</td></tr>
<tr><td rowspan="2">0</td><td>0</td><td rowspan="2">0</td><td rowspan="2">0</td><td>X</td><td rowspan="2">X</td></tr>
<tr><td>저감</td><td>저감</td></tr>
<tr><td rowspan="2">0</td><td rowspan="2">저감</td><td rowspan="2">0</td><td rowspan="2">0</td><td rowspan="4">증대</td><td>X</td></tr>
<tr><td>0</td></tr>
<tr><td>0</td><td>발진
시만</td><td>0</td><td>0</td><td>0</td></tr>
<tr><td>X</td><td>X</td><td>X</td><td>0</td><td>0</td></tr>
</table>

그림 44 | SOC(충전 상태) 상태에 따른 전략제어

출처: 김영일 외(2021)

② SOC 게이지

SOC 게이지와 모터 게이지는 모두 LCD를 이용한 디스플레이 방식이며, 계기판과 HCU간의 CAN 통신을 이용해 작동이 이루어진다.

HCU는 모터의 충·방전 상태 및 고전압 배터리 SOC 정보를 CAN 통신 라인을 이용해 계기판측으로 송신하고, 계기판에 내장된 마이크로컴퓨터는 그 정보들을 수신하여 게이지 작동을 직접적으로 제어한다.

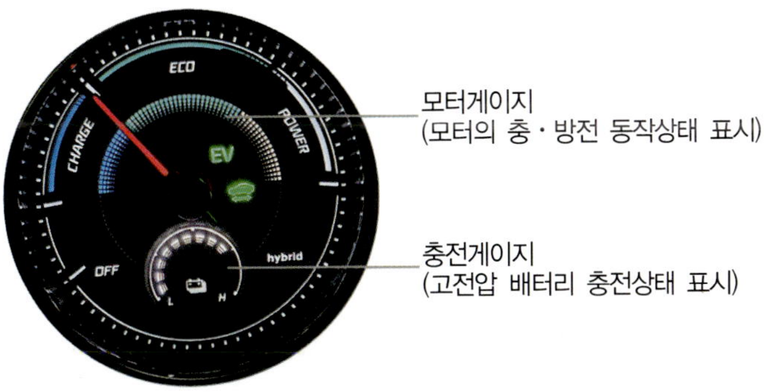

그림 45 | SOC(충전 상태) 게이지

출처: 김영일 외(2021)

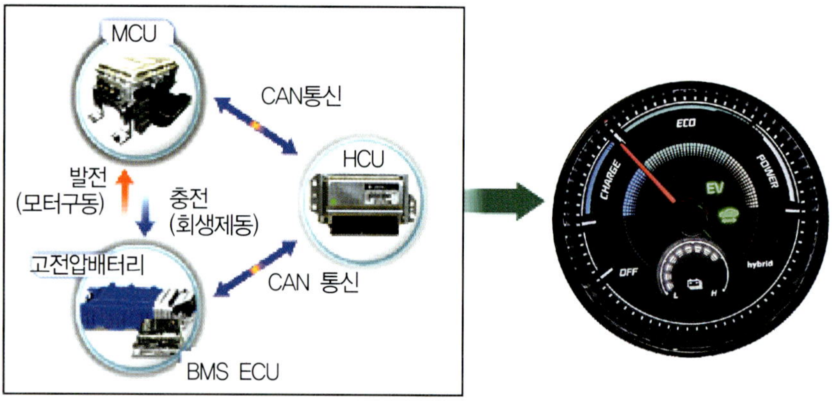

그림 46 | SOC 게이지 제어

출처: 김영일 외(2021)

4) 온도에 따른 배터리 제어 특성

고전압 배터리가 최적의 효율을 내기 위해서는 온도관리가 매우 중요하다. 고전압 배터리와 MCU(Motor Control Unit)는 하나의 냉각팬에 의해 동시 냉각이 이루어지는 통합 냉각 방식이 적용되었는데, 냉각팬이 작동되면 리어 패키지 트림을 통해 차 실내의 공기가 에어 덕트로 흡입되고, 흡입된 실내공기가 고전압 배터리와 MCU측으로 유입되어 냉각된 다음 배출 덕트를 통해 차량 외부로 배출되도록 유로가 설계되어 있다. 고전압 배터리 냉각팬은 BMS 단독으로 제어한다.

HCU에서 Ready 신호를 수신한 후 배터리 온도가 상승할 경우 블로워 릴레이를 구동하고, PWM 신호를 통해 팬 속도를 제어한다. Feed Back 라인을 통해 팬의 상태를 판단하여 고장 진단을 수행한다.

고전압 배터리는 팬 제어를 통해 평균 30℃ 이하를 유지하며, 배터리 온도가 32℃를 초과하면 동작을 시작한다. 도장작업 시 70℃에서 약 30분(80℃에서 약 20분) 방치 가능하며, 장기간 노출 시 배터리의 퇴화가 진행될 수 있으므로 주의해야 한다.

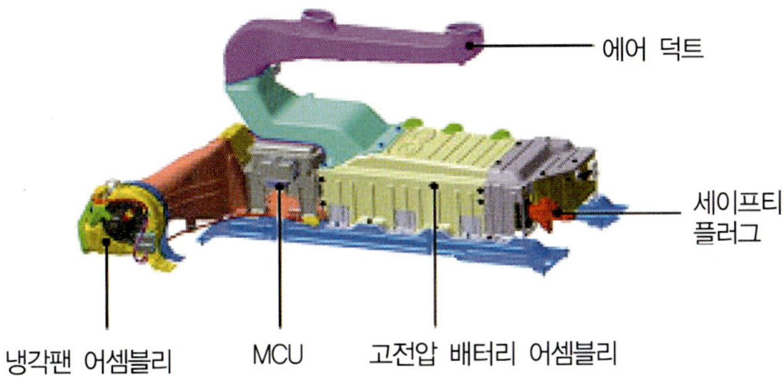

그림 47 | 고전압 배터리 시스템 구성(쏘나타 하이브리드 전기자동차)

출처: 김영일 외(2021)

그림 48 | 고전압 배터리 냉각팬(쏘나타 하이브리드 전기자동차)

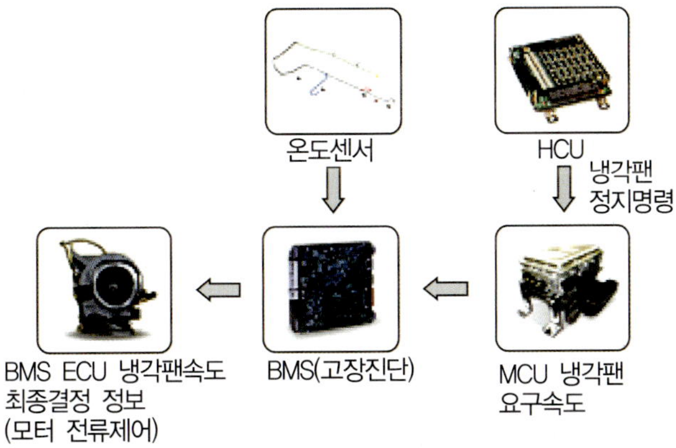

그림 49 | 고전압 배터리 냉각팬 제어 흐름도

출처: 김영일 외(2021)

03 12V 저전압 배터리

하이브리드 전기자동차의 경우 고전압 배터리는 주로 동력전달 계통에서 사용되고 있고, 일반 전기장치는 12V 저전압 배터리를 사용한다. 쏘나타 하이브리드 전기자동차는 LIPB(리튬이온 폴리머 배터리)를 사용한다. LIPB는 고전압/저전압 배터리 통합 제어를 BMS에서 하고 방전 시 12V 재접속 스위치 작동이 필요하다.

(1) 12V 저전압 배터리 특징

일반 납산 배터리는 용량의 40% 정도가 되면 전압이 12V 아래로 떨어져 시동이 곤란하지만, 인산철 배터리는 잔여 용량이 10%일 때도 12V 전압을 유지한다.

표 9 | 12V LIPB 특징

구분	일반 납산 배터리	AGM 배터리	리튬 배터리(LIPB)
적용이유	일반 차량용	빈번한 크랭킹에 배터리 내구성 향상	고전압 배터리와 동일한 내구성, 중량감소 및 연비 향상
특이사항	-	ISG 차량에만 적용	12V 릴레이 및 스위치 추가

표 10 | 저전압 배터리 비교

구분	형상	특징
일반 납산 배터리		• 납산 배터리(Lead-Acid Battery)는 납과 황산을 이용한 2차 배터리 • 장점은 가격이 저렴한 편이고, 저온 및 고온에서 성능이 좋으며 높은 방전율(C-Rate)을 나타내며, 단점으로는 에너지 밀도가 제한적이고 충방전 수명이 비교적 짧다는 것 • 납산 배터리는 주로 자동차 배터리에 사용되고 있으며, 자동차 전장 장치에 전기를 공급하는 역할 • 일반용과 ISG용으로 구분
AGM 배터리		• 격리판을 유리섬유로 사용하고 그 유리섬유 격리판에 전해액을 흡수시켜 전해액의 유동(흐름)을 방지한 배터리 • 충전 시 일반 배터리보다 빠른 충전이 가능하고, 시동 파워를 향상 • 강화된 폴리프로필렌 케이스로 파손에 안전 • 뚜껑의 밸브캡으로 인해 배터리 내부에서 발생한 수증기 배출을 감소시켜 보다 긴 제품 수명, 빈번한 크랭킹에 용량 및 내구성 증가 * AGM : Absorbent Glass Mat

구분	형상	특징
리튬이온 폴리머 배터리 (LIPB)		• 내구성 증가 • 중량 감소 • 과방전 방지 기능 추가

(2) 12V 저전압 배터리 효과

12V 저전압 배터리의 효과는 다음과 같다.

첫째, 중량 저감 및 연비 개선에 효과적이다.

둘째, 내구성이 증가되어 고전압 배터리와 동일한 수명이 가능하다.

셋째, 과방전방지 기능이 추가되어 저전압 시 릴레이를 오픈시켜 불필요한 견인/긴급 출동방지, 배터리 방전 시 배터리 점프 대신 12V 재접촉 스위치를 통해 차량 시동이 가능하다.

표 11 | 차량별 12V 배터리 기능

구분	일반 가솔린 차량	쏘나타 7세대 (2014년 출시)	쏘나타 하이브리드 (8세대, 2019년 출시)
12V 충전구조	• 시동 후 엔진동력 이용 • 알터네이터 동작에 따른 12V 배터리 충전	• 시동 후(HEV Ready 후) • 엔진동작/미동작 → 고전압 배터리 → LDC → 12V 배터리 충전	←
12V 배터리 방전 case	• IG ON 장기 방치하여 엔진시동 불량 • 알터네이터 고장 등	• IG ON 장기 방치하여 엔진 시동 불량 • LDC 고장 • 고전압 배터리 SOC 낮음	←
12V 배터리 점프 시동	• 외부 12V 전원(배터리 등) 이용 점프 시동 가능	• 외부 12V 전원(배터리 등) 이용 점프 시동 가능	←
추가 기능	-	-	• 12V 래치 릴레이 적용 • 12V 재접속 스위치 적용

* LDC(Low Voltage DC-DC Converter)
고전압 배터리 전력을 차량의 기본 전장 부하에 공급할 수 있도록 고전압을 저전압(12V)으로 전환시켜 주는 모듈

(3) 12V 저전압 배터리 구조 및 주요 특징

쏘나타 하이브리드 전기자동차의 고전압 배터리 PRA는 12V 래치 릴레이가 포함되어 있으며, 12V 배터리 모듈 상부에 위치한다.

1) 구조

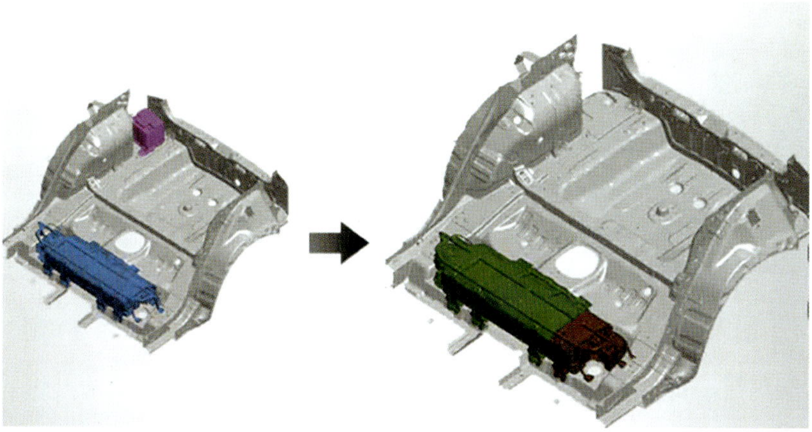

그림 50 | 12V 통합 배터리 팩(고전압 배터리+12V저전압 배터리) (쏘나타 하이브리드)

출처: 2019 & 전국교원 자동차기술연수(현대정비연)
https://img1.daumcdn.net/thumb/R1280x0/?scode=mtistory2&fname=https%3A%2F%2Fblog.kakaocdn.net%2Fdn%2FWSZja%2Fbtq0DrpN4D7%2FMkeS85LxSS4wReBasf7xXk%2Fimg.png

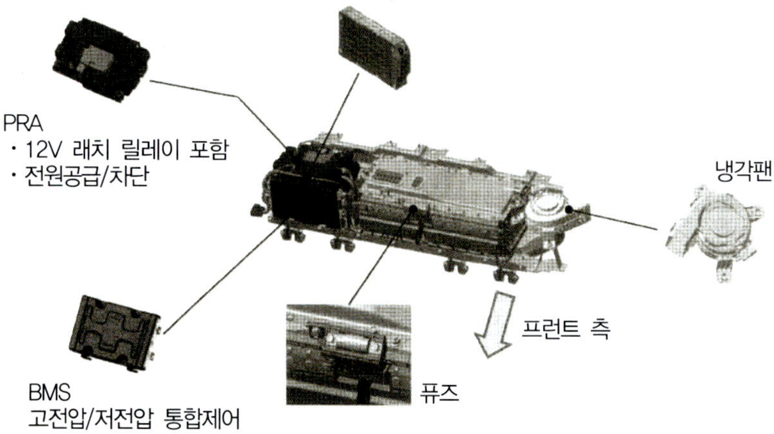

그림 51 | 12V 배터리 구조(쏘나타 하이브리드)

출처: 김영일 외(2021)

2) 특징

12V 배터리가 납산에서 리튬이온 폴리머 배터리로 변경되었으며, 고전압 릴레이와 마찬가지로 12V 릴레이가 적용되어 BMS가 과방전을 감지하면 12V 릴레이를 끊어준다. 릴레이를 다시 붙이기 위해서는 베젤 스위치에 위치한 12V 재접촉 스위치를 눌러 작동시킨다.

BMS는 과거 고전압 배터리만 제어했던 반면, 쏘나타 하이브리드 전기자동차는 BMS가 고전압 배터리와 저전압 배터리를 통합 제어한다. 기존 12V 납산 배터리는 IBS(Intelligent Battery Sensor)로부터 전압, 전류, 온도 정보가 엔진 ECU로 송신된다. 반면 쏘나타 쏘나타 하이브리드 전기자동차에서는 12V 배터리 전류센서와 온도센서 신호가 BMS로 송신된다. 냉각팬은 고전압과 저전압 배터리를 통합 냉각시킨다.

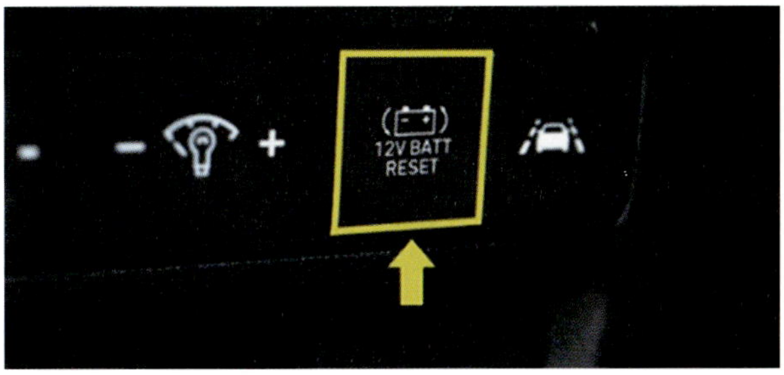

그림 52 | 12V 재접촉 스위치(12V BATT RESET)

출처: 전국교원 자동차기술연수(현대정비연)

(4) 12V 배터리 제어 절차

① BMS는 IG ON/ACC마다 Wake Up되어 배터리 셀 전압/전류를 체크하고, 12V 래치 릴레이 상태를 점검한다.

② 12V 리튬 배터리 과방전(SOC 10% 이하(온도 -20도 이상일 경우), 20% 이하(온도 -20도 미만일 경우)) 시, BMS는 12V 릴레이 OFF 신호를 제어한다.

③ 이 상태에서 운전자가 12V 재접속 스위치를 누르면, BMS는 Wake Up된다.

④ Wake Up된 BMS는 12V 릴레이를 ON시킨다.

⑤ 12V 릴레이 ON 이후 30초(15초) 내에 시동을 걸지 않으면 릴레이가 OFF된다.

⑥ 12V 릴레이 ON 이후 시동을 걸면 LDC(Low Voltage DC-DC Converter, 저전압

직류 변환장치)를 통한 12V 배터리 충전이 이루어진다.

⑦ 외부 전원으로 점프를 할 때 래치 릴레이 작동 전압(7~7.5V)이 안되면, BMS가 ON 제어를 하려고 해도 래치 릴레이는 작동하지 않는다(최소 작동 전압이 우선순위임).

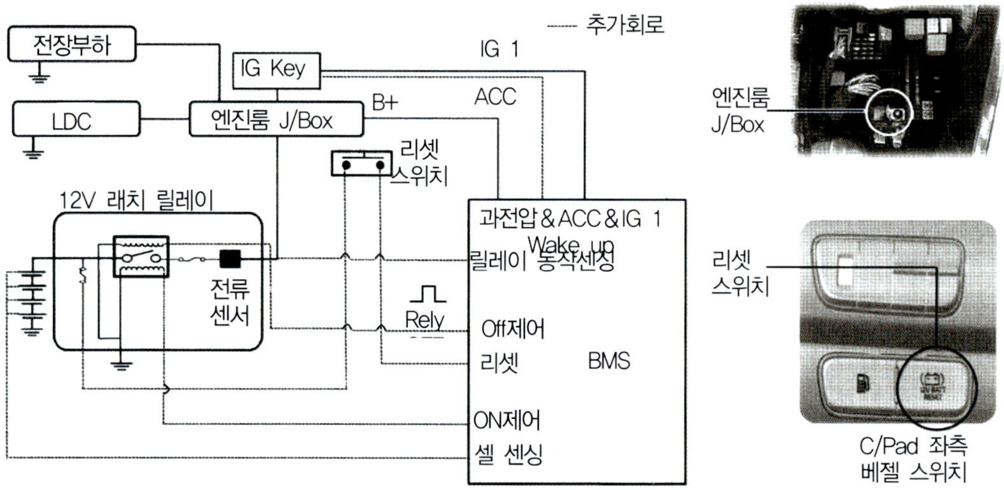

그림 53 | 12V 저전압 배터리 회로도(쏘나타 하이브리드)

출처: 김영일 외(2021)

(5) BMS Wake-Up 조건

① 리셋 스위치 작동 시 : 배터리 과방전 시 사용자가 스위치를 작동할 경우

② 시동 후 OFF 후 30분마다 : 작동되면 5초 동안 전압, 전류, 온도(셀 및 전체) 모니터링

③ ACC ON 시

④ 과전압(14.6V 이상) 시 : 리튬 배터리 특성상 과전압으로 충전 시, 과열로 인해 수명이 줄어든다(예 : 15V 점프 후 시동 시 12V 래치 릴레이는 OFF 되지만 시동은 걸리며, 정상 주행 시 12V 래치 릴레이는 다시 ON 된다).

(6) 래치 릴레이 OFF 조건

래치 릴레이는 출고 시부터 항상 ON 상태를 일반적으로 유지한다. 다음과 같은 조건발생 시 OFF 상태로 변환한다. OFF 상태로 되는 조건은 크게 3가지로 나눌 수 있다.

① 기본적으로 12V 배터리 SOC가 10% 이하(온도 -20도 이상) 또는 SOC 20% 이하(온도 -20도 미만)일 경우(전압값은 변동이 있어 12.8V는 참고용으로만 활용) 및 배터리 전압과 상호 보완하는 목적으로 주행 전(IG-Off/IG-On) 10V 이하, 주행 중 7.5V 이하(단, 모듈 전압 기준임)일 때는 래치 릴레이 OFF 상태가 된다.

② 셀 진단하여 셀 기준으로 과전압(4.2V초과)일 때, 과온(70℃ 초과)일 경우 OFF 상태로 전환되며, 셀 진단하여 과전압 또는 과온일 경우 차속을 20km/h로 낮춘 뒤 재확인 후 끊는다.

③ 시동 전에 12V 배터리 과전압(14.8V 초과 시) 시 OFF 상태로 전환한다. 래치 릴레이가 OFF가 되면 BMS가 30분마다 Wake-Up하는 로직은 차단된다. BMS는 래치 릴레이 OFF 시 유일하게 암전류를 소모하는 제어기이다(BMS만 유일하게 래치 릴레이 전단에 연결되어 있다).

2 하이브리드 전기자동차 구성

하이브리드 전기자동차에서 모터는 주 동력원인 엔진과 변속기 사이에 장착되어 엔진 시동 및 발진・가속 시 엔진의 동력을 보조하는 역할과 차량 감속 또는 제동 시 고전압 배터리의 충전을 위한 발전기의 역할을 수행한다.

그림 54는 하이브리드 전기자동차의 파워트레인 구조를 보여주고 있다. 모터 고정자는 엔진과 변속기 하우징에 체결되고 실제 구동력을 발생시키는 모터 회전자, 즉 로터는 엔진 크랭크축에 직접 체결된다.

하이브리드 전기자동차의 구성은 차량 앞쪽에 엔진 부분이 있다. 이 부분은 엔진과 자동변속기 또는 CVT의 결합으로 이루어져 있으며, 일반 차량과는 다르게 그 사이에 구동을 위한 하이브리드 모터가 들어가 있다.

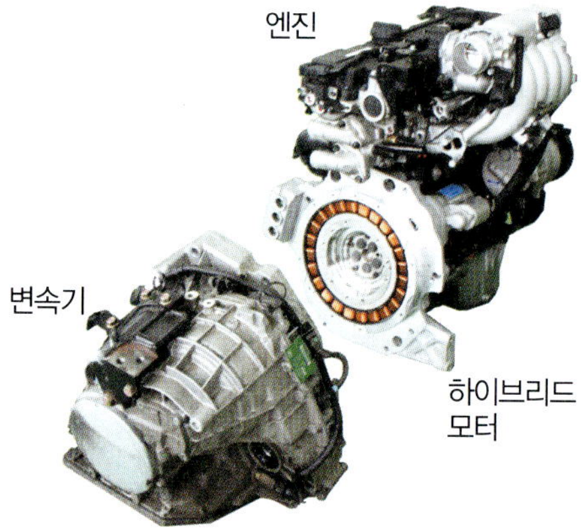

그림 54 | 하이브리드 전기자동차 구성

출처: 김영일 외(2021)

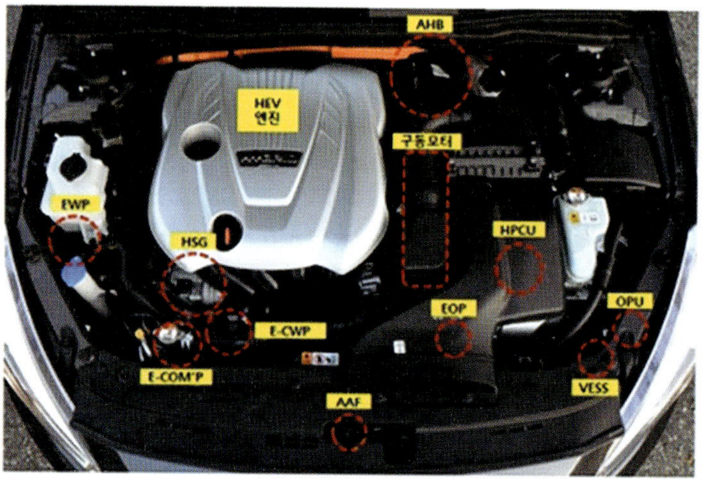

그림 55 | 하이브리드 전기자동차 모터 룸 구성도(K7)

출처: team-meg.com

하이브리드 전기자동차의 고전압 배터리 시스템은 고전압 배터리, 배터리 온도센서, 파워 릴레이 어셈블리(PRA), BMS, 안전 플러그 및 배터리 열을 식혀주는 쿨링 시스템이 장착되어 있다.

저연비 고효율 자동차를 실현하기 위해 모터 방식의 파워 스티어링의 적용과 차량 밀림방지 시스템이 추가적으로 적용되어 있다.

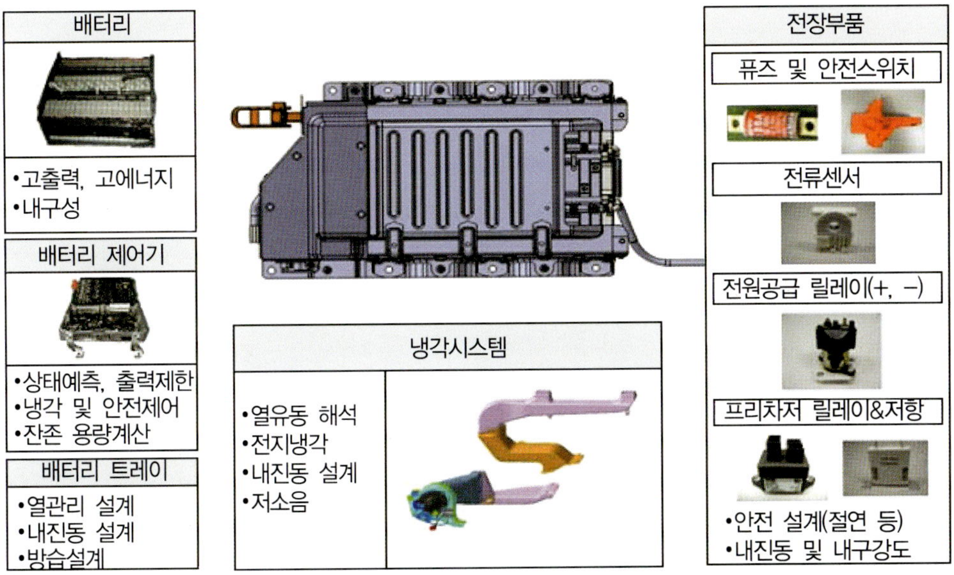

그림 56 | 하이브리드 고전압 배터리 시스템 구성

출처: 김영일 외(2021)

01 모터

하이브리드 구동 모터는 하이브리드 전기자동차의 핵심 동력원으로 전기차(EV) 모드에서 엔진의 도움 없이 차량을 움직이고, 일반 주행 시에는 엔진의 출력을 보조하며, 감속 시 발생하는 전기에너지를 배터리에 충전시키는 역할을 한다. 출발, 저속 및 정속 구간에서 모터로만 주행되기 때문에 연비가 향상된다.

고정자(스테이터)에 감겨진 권선 코일에 모터 컨트롤 유닛(MCU)에서 3상 교류 전원을 흘려주어 회전 자계가 형성되면 회전자(로터)에 형성된 자계와 전기적 상호작용으로 회전 토크가 발생하여 모터가 회전을 한다.

예를 들면, 자석은 같은 극성일 경우에는 밀어내는 성질이 있고, 다른 극성일 경우에는 당기는 성질이 있다. 그림 57에서 U상의 전원이 인가된 권선 코일 내측이 S극일 때 비스듬히 마주 보고 있는 회전자는 N극이므로 회전자를 잡아당긴 것이다. 이때 V상에 전원을 인가하면 마주 보고 있는 로터의 극성이 S극이므로 서로 밀어내면서 회전하게 된다.

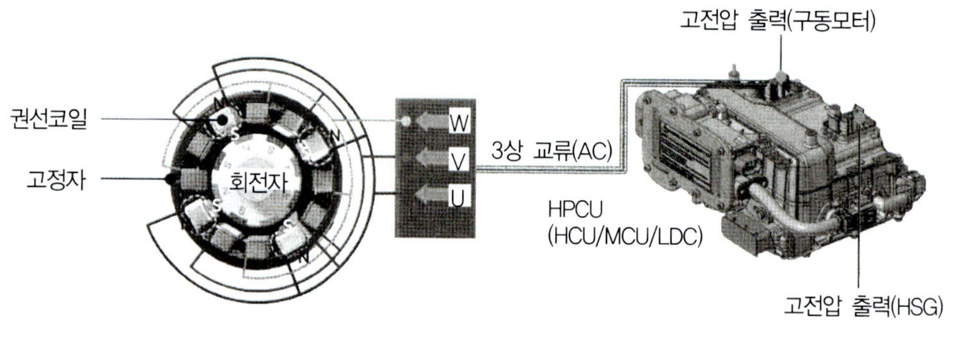

그림 57 | 하이브리드 모터 구성

출처: 김영일 외(2021)

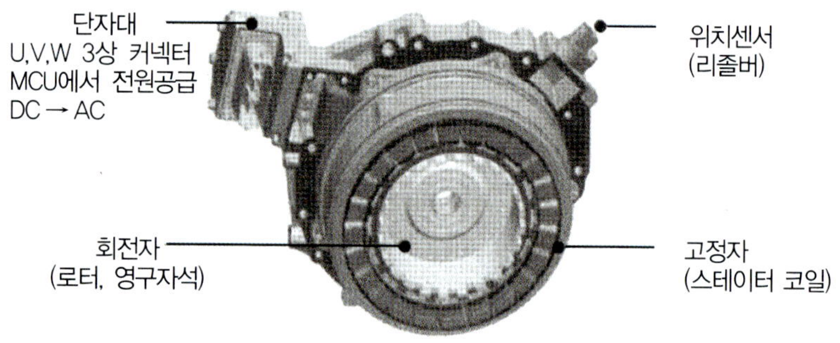

그림 58 | 하이브리드 전기자동차 모터

출처: 김영일 외(2021)

(1) 모터의 구조

AC(교류) 전압으로 동작하는 고출력 영구자석형 동기 모터(PMSM)로 모터 하우징과 고정자(스테이터), 스파이더, 회전자(로터) 등으로 구성되어 있다. 고정자(스테이터)는 코일이 감겨 있고, 모터의 고정자 기능을 하고, 회전자(로터)에는 영구자석이 내장되어 있다.

모터 고정자에 형성된 회전 자계에 의해 발생된 회전 토크를 변속기 입력축으로 전달하는 회전자 기능을 하고, 엔진 시동(이그니션키 & 아이들 스탑 해제 시 재시동) 제어와 발진 및 가속 시 엔진의 동력을 보조하는 기능을 한다.

인버터는 고정자 코일(권선 코일)에 전류의 흐름이 바뀔 때 회전자계가 형성된다. 이것은 회전자(로터)에 포함된 자석 사이의 상호작용으로부터 생긴 전자기 유도를 통해 회전력을 생성되는 것이다. 이 회전력이 모터를 회전시키며, 고정자에 형성된 회전자계의 속도와 실제 로터의 속도가 일치하게 된다. 이 모터를 동기 모터(동기 전동기)라고 부른다.

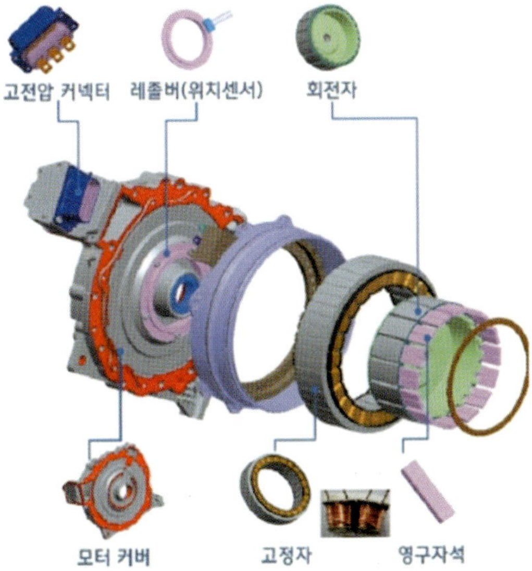

그림 59 | 하이브리드 전기자동차 모터 구조

출처: http://global-autonews.com/data/editor/1702/7a4b8ee87fc358ec3987b78a38843e06_1486493050_4323.JPG

(2) 모터 취급 시 유의사항

① 고전압으로 작동되는 장치이므로 시동키 2단(ON) 또는 엔진 시동 상태에서는 절대 만지지 않는다(키 OFF 후 약 5분 이상 경과해야만 안전함).

② 모터에 연결된 고전압 파워 케이블(AC 3상)은 감전의 우려가 있으므로 손으로 부품을 만지거나 커버 또는 전기 케이블을 임의로 탈착하지 않는다.

③ AC 3상 케이블의 각 상간(U, V, W) 연결이 잘못되면 부품의 손상 또는 사용자나 작업자의 안전에 심각한 위협을 초래할 수 있으므로 주의한다.

④ 엔진룸 내부 고압 세차금지(고전압 누전에 의한 감전 또는 부품손상 우려)

⑤ 관련 부품 정비점검 및 수리작업은 반드시 직영 서비스센터로 의뢰한다.

그림 60 | 교류 3상 단자대

출처: 김영일 외(2021)

그림 61 | 하이브리드 전기자동차 모터룸(K8)

출처: http://www.dizzotv.com/site/data/img_dir/2021/05/13/2021051380196_1.jpg

02 제어장치

하이브리드 전기자동차의 제어장치는 그림 62와 같다.

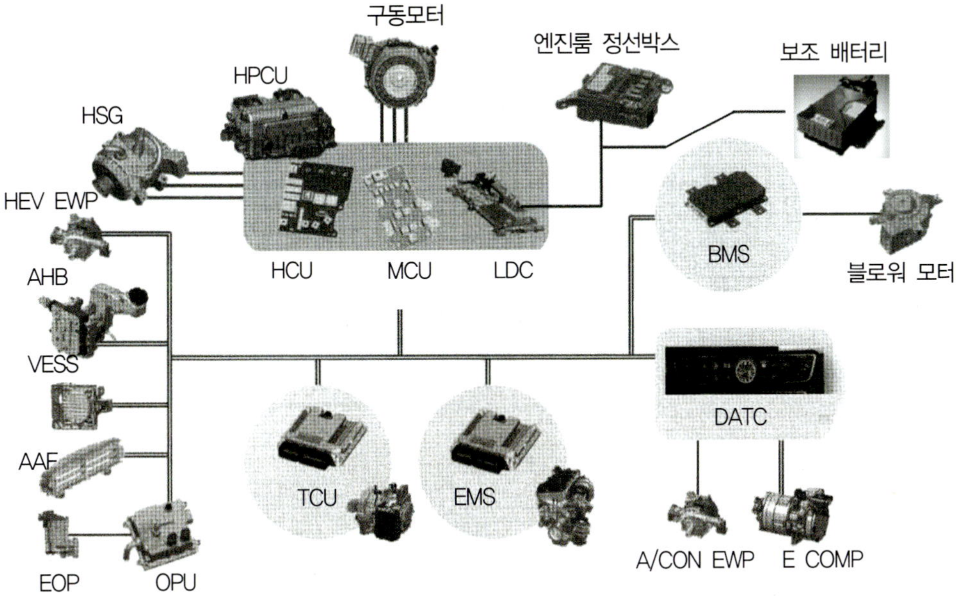

그림 62 | 하이브리드 전기자동차 전체 통합 제어장치 구성도

출처: 김영일 외(2021)

(1) 엔진 컨트롤 유닛(ECU : Engine Control Unit)

엔진을 제어하는 ECU(Engine Control Unit)는 일반 차량에도 있는 것으로, 엔진을 동작하거나 연료 분사량과 점화시기를 조절하게 된다.

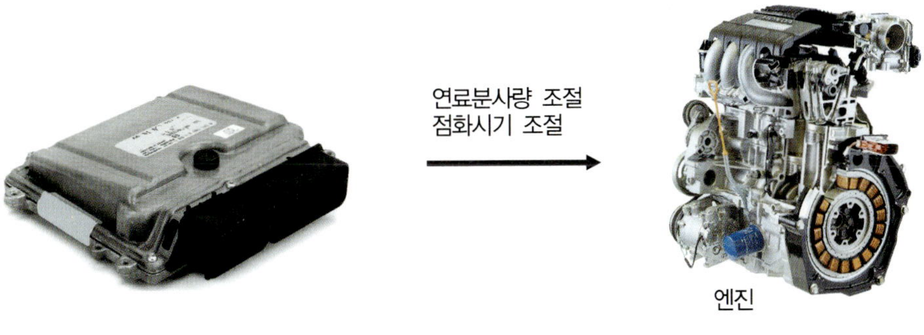

그림 63 | 하이브리드 전기자동차 ECU 기능

출처: 김영일 외(2021)

(2) 변속기 컨트롤 유닛(TCU : Transmission Control Unit)

TCU(Transmission Control Unit)는 변속기를 제어한다.

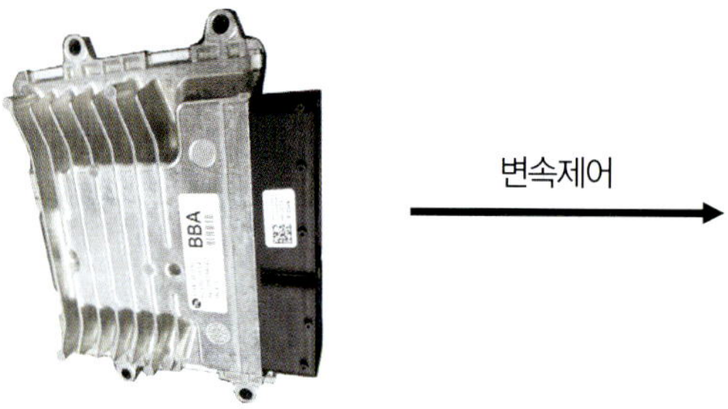

그림 64 | 하이브리드 전기자동차 TCU 기능

출처: 김영일 외(2021)

(3) HPCU(Hybrid Power Control Unit, 전력 변환 시스템)

HPCU는 HCU(하이브리드 컨트롤 유닛), MCU(모터 컨트롤 유닛), LDC(DC-DC 컨버터), 고전압 정션블록, HEV 냉각장치가 하나로 구성된 제어기들의 조합체이다. 이 중 HCU는 모든 HEV 제어기의 중앙 제어 역할을 수행하며, 차량의 주행(고전압 제어) 및 경고, 12V 배터리 충전과 같은 전반적인 제어를 수행한다.

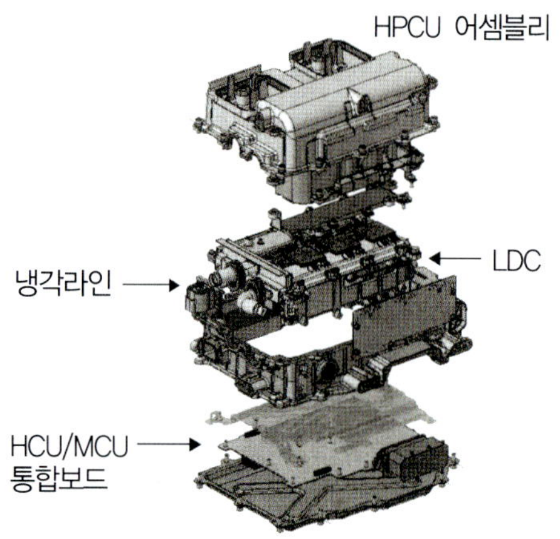

(아이오닉 하이브리드 차량)

그림 65 | 하이브리드 전기자동차 HPCU 구성

출처: 김영일 외(2021), https://watchandcar.tistory.com/152

(4) MCU(Motor Control Unit, 모터 컨트롤 유닛)

모터 컨트롤 유닛은 하이브리드 전기자동차 모터 제어를 위한 컨트롤 유닛이다. HCU(Hybrid Control Unit)의 토크 구동 명령에 따라 모터로 공급되는 전류량을 제어하여 각 주행특성에 맞게 모터와 HSG(Hybrid Starter Generater)의 토크를 제어하고 회전속도와 온도를 HCU로 피드백한다.

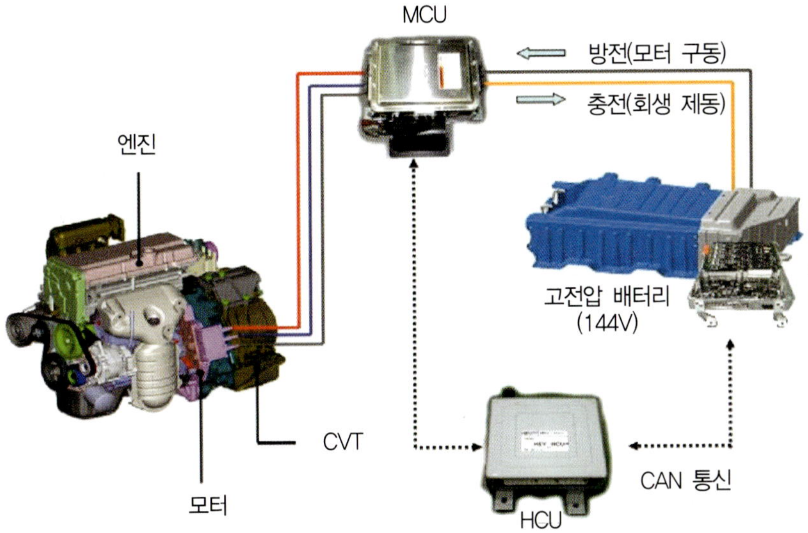

그림 66 | 하이브리드 전기자동차 MCU 개요

출처: 김영일 외(2021)

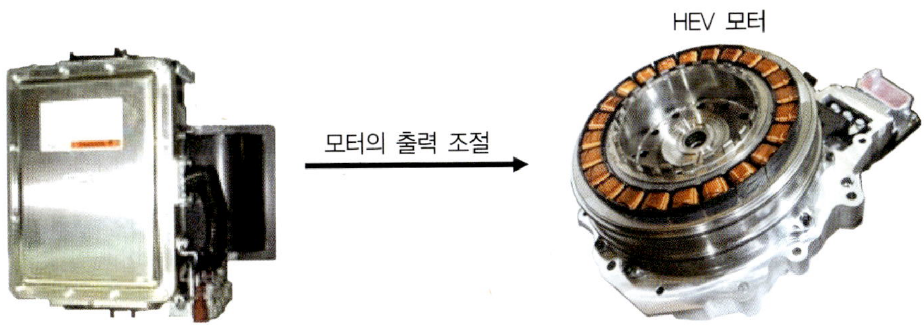

그림 67 | 하이브리드 전기자동차 MCU 기능

출처: 김영일 외(2021)

MCU는 고전압 배터리의 DC(직류) 전원을 AC(교류) 전원으로 변환시키는 인버터의 기능과 배터리 충전을 위해 모터에서 발생된 AC 전원을 DC로 변환시키는 컨버터의 기능도 동시에 수행한다. 고전압 시스템의 냉각을 위해 P-CAN 통신을 이용하여 전동식 워터펌프(EWP)를 제어한다.

1) 인버터(DC→AC)

고전압 배터리의 직류(DC) 전원을 3상 교류(AC) 전원으로 변환하여 구동 모터와 HSG에 고전압 전력을 공급한다.

2) 컨버터(AC→DC)

회생 제동 시 구동 모터와 HSG의 발전을 통해 나오는 3상 교류(AC) 전원을 직류(DC) 전원으로 변환하여 고전압 배터리를 충전한다.

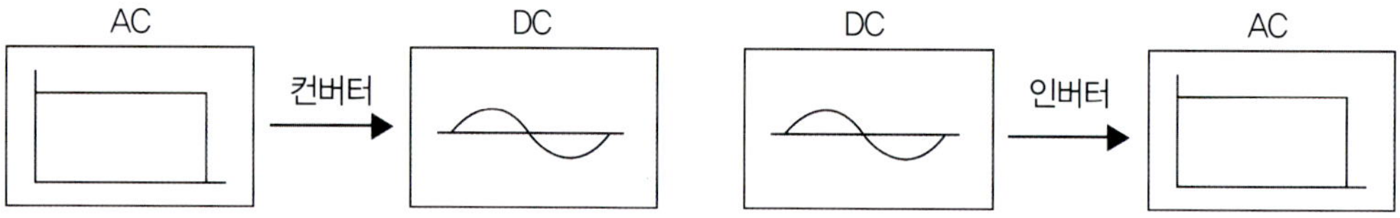

(a) 컨버터 개념 (b) 인버터 개념

그림 68 | 인버터, 컨버터 개념

출처: 김영일 외(2021)

3) 모터/HSG 레졸버 보정

모터와 HSG에 장착되어 있는 레졸버(위치센서)는 로터의 회전 위치를 감지하고 MCU는 이 신호를 통해 모터와 HSG를 정밀하게 제어하기 위해 반드시 수행되어야 한다.

모터/HSG 레졸버 보정시기는 다음 시스템의 교체 및 관련 작업 시에는 모터/HSG 레졸버 보정을 해야 한다.

① 모터 컨트롤 유닛(MCU)

② 구동모터(변속기 어셈블리)

③ HSG 교환 및 탈·부착

모터/HSG 레졸버 보정은 로터의 회전 위치를 감지해야 하기 때문에 HSG에 의한 구동이 이루어지므로, 보정 시간 동안 엔진룸 점검이 필요하다면 각별한 주의가 필요하다.

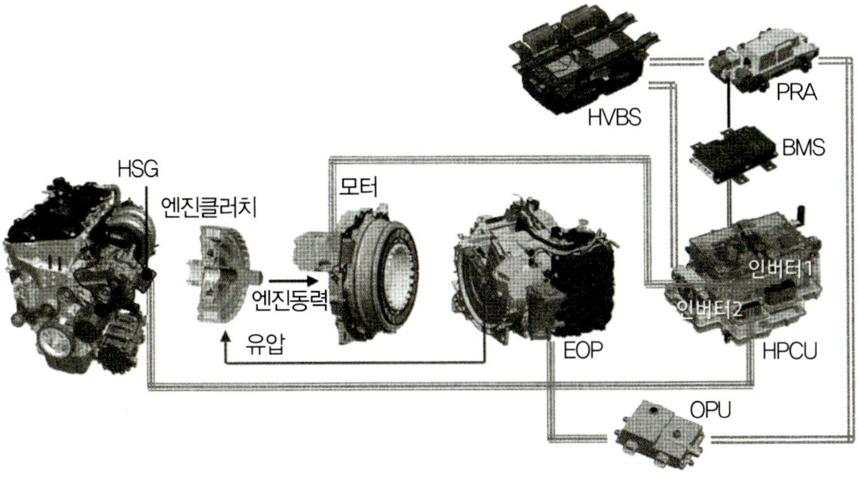

모터	인버터1 → BMS → PRA → OPU → EOP → E/C 솔레노이드 → 엔진클러치 → 모터구동 → 레졸버 보정
HSG	인버터2 → HSG구동(엔진시동) → 레졸버 보정

그림 69 | 모터/HSG 레졸버 보정 흐름도

출처: 김영일 외(2021)

(5) LDC(Low Voltage DC-DC Converter)

LDC는 고전압 배터리 전력을 차량의 기본 전장 부하에 공급할 수 있도록 고전압을 저전압(12V)으로 전환시켜 주는 모듈이다. MCU와는 달리 직류에서 직류로 전력을 변환하며, 기존 내연기관 차량에서의 알터네이터와 같은 역할을 한다.

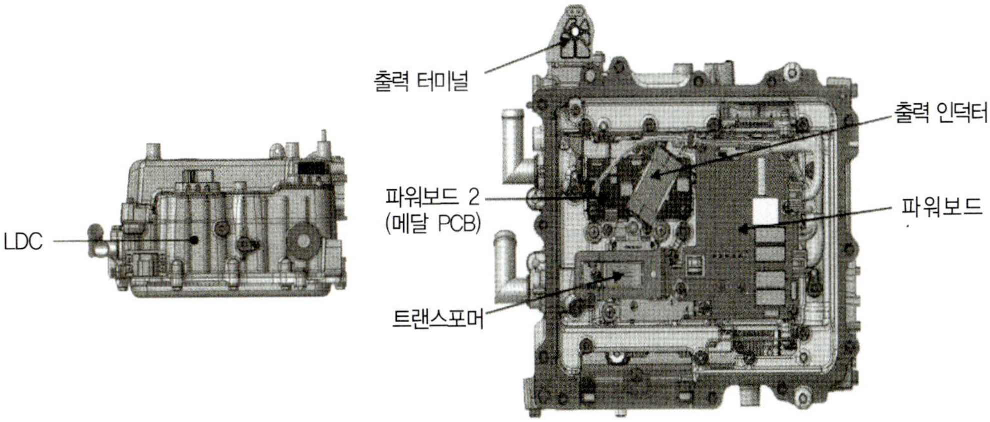

(a) 형상 (b) LDC 파워부

그림 70 | LDC

출처: 김영일 외(2021)

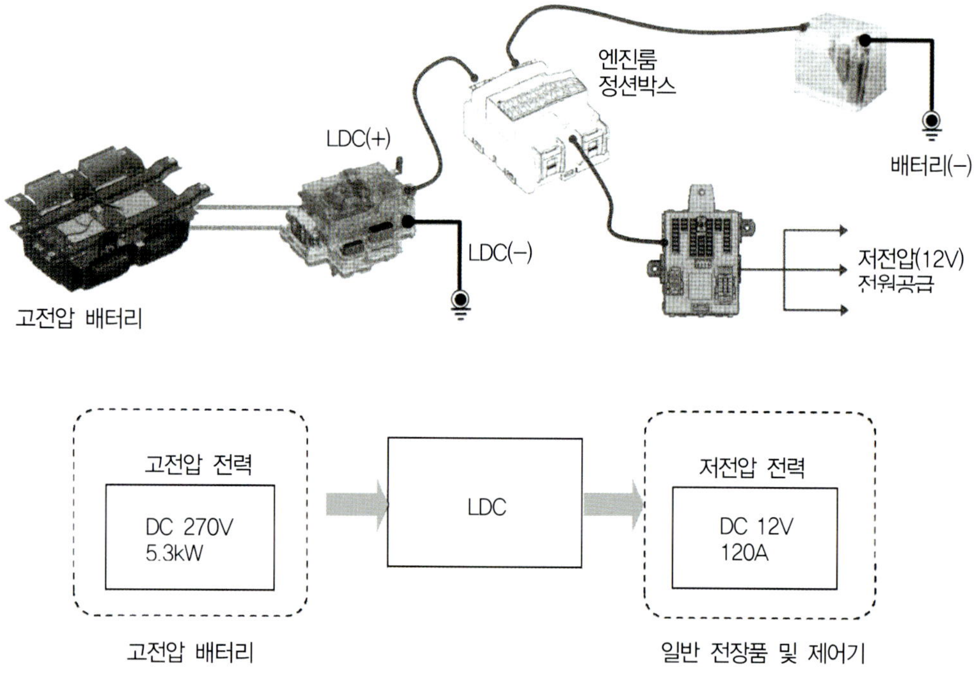

그림 71 | LDC 역할

출처: 김영일 외(2021)

(6) 하이브리드 컨트롤 유닛(HCU : Hybrid Control Unit)

하이브리드 컨트롤 유닛은 전체 하이브리드 전기자동차의 시스템을 제어하는 장치이다. 각 하부 시스템 및 제어기의 상태를 파악하며 그 상태에 따라 가능한 최적의 제어를 수행하고, 각 하부 제어기의 정보사용 가능 여부와 요구(명령) 수용 가능 여부를 적절히 판단한다.

하이브리드 전기자동차에는 엔진 제어 유닛인 ECU와 모터의 출력 토크를 제어하는 모터 제어 유닛인 MCU, 자동변속기 제어 유닛인 TCU, 보조 배터리 충전장치인 LDC 등이 각각의 해당 역할을 수행하고 있다.

HCU는 하이브리드 전기자동차 고유의 기능을 수행하기 위해 이러한 각각의 유닛들을 CAN 통신으로 통합·제어하는 역할을 하며, 제어에 필요한 입·출력은 주로 CAN 통신으로 입력받아 로직 판단 후 다시 통신을 통해 제어 명령을 전송한다.

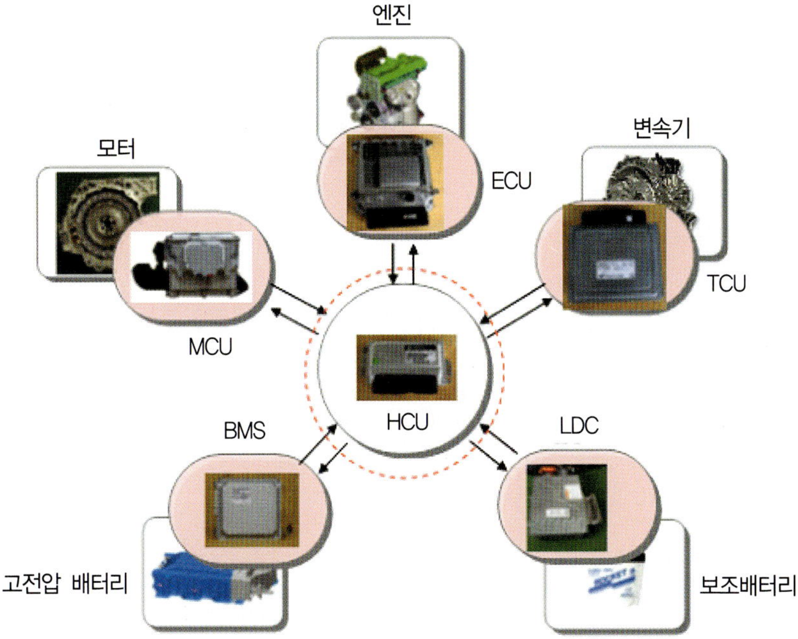

그림 72 | HCU 시스템

출처: 김영일 외(2021)

1) HCU가 제어하는 주요 기능

Ready	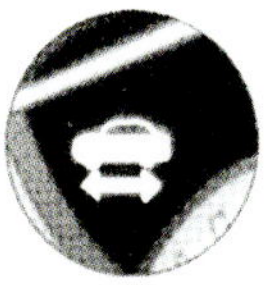	브레이크를 밟은 상태로 시동 버튼을 누르면 이모빌라이저 인증 후 시동 신호 입력 시 HEV 주요 제어기가 정상일 경우 Ready 램프를 점등시켜 출발 준비가 되었음을 표시한다(일반 차량의 시동과 동일).
HEV 경고		HEV 제어계통 고장 시 경고한다.
모터 주행		엔진과 모터의 주행 패턴을 결정하고, 엔진 단독 주행 시 램프는 소등되면 구동 모터가 동작할 때(모터 구동, 회생 제동, 엔진 보조)는 점등되어 모터 주행임을 표시한다.

출처: 김영일 외(2021)

2) HCU 주요 입·출력

HCU는 주요 입·출력을 P-CAN 및 H-CAN으로 제어하며, 직접 배선으로 입력받는(Hard Wire) 신호는 세 가지이다.

정지등 스위치 입력을 받아 제동 시 신속한 회생 제동을 수행하고, CPS 신호를 받아 엔진/EV 주행 시 부드러운 클러치 연결이 되도록 학습 및 제어한다. SMK로부터 받는 시동 신호는 Ready 상태로 진입하는 중요한 신호로 사용된다.

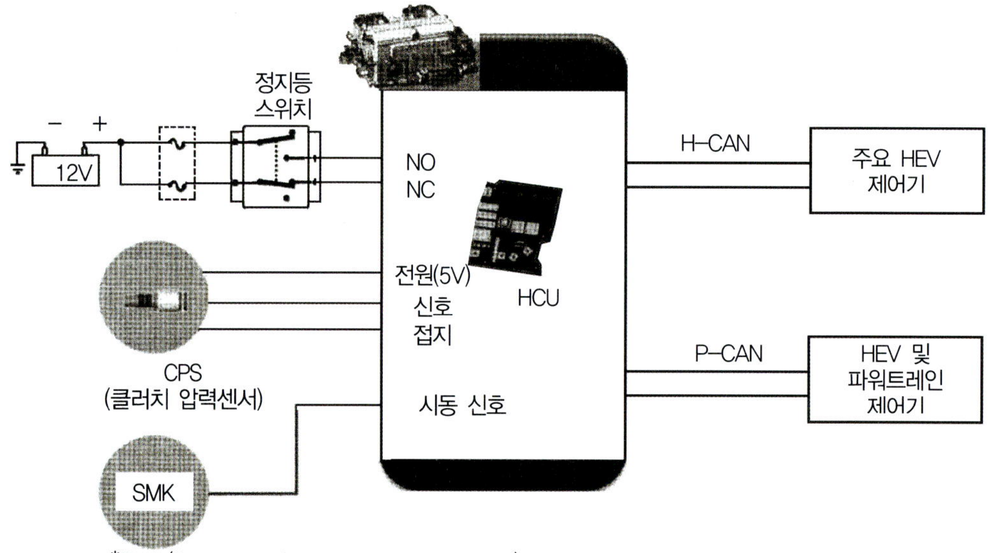

*SMK (SMartKey, System Multipurpose Key)

그림 73 | HCU 주요 입·출력

출처: 김영일 외(2021)

3) HCU 주요 기능

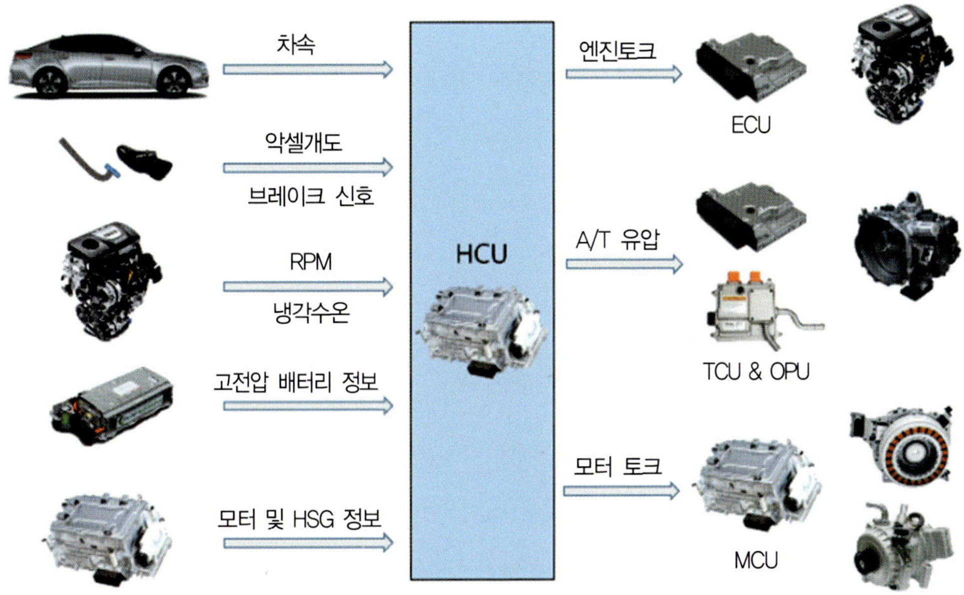

그림 74 | HCU 기능

출처: https://team-meg.com/m/study_dan_view.asp?dntGbn=29&idx=135

① 시스템 ON/OFF 제어

시스템 전반을 파악하여 이상이 없을 시 HEV Ready 상태로 차량 출발이 가능하도록 유지한다.

② 요구 토크 계산

운전자의 가속 및 감속 요구 토크를 계산한다.

③ 회생 제동 제어

사용자의 브레이크 요구 신호와 고전압 배터리 SOC를 고려하여 실제 회생 제동량을 MCU로 송부한다.

④ EV/HEV 모드

차량 상태와 주행조건에 따라 여러 주행 모드로 수시로 전환되며 크게 3가지로 나눌 수 있다. 3가지 주행 모드는 모터로만 주행하는 EV 모드, 엔진에 의한 주행 모드, 엔진과 모터 두 동력원으로 주행하는 HEV 모드이다. 엔진에 의한 주행 시 HCU는 엔진시동 시점과 엔진의 목표 운행상태를 결정한다.

⑤ 고전압 배터리 SOC 밸런스(Balance)

배터리 충・방전량을 최적의 SOC 상태를 유지한다. SOC가 낮으면 구동모터 동작을 제한하여 고전압 사용을 줄이고, 모터에 의한 회생제동과 엔진에 의한 충전제어를 수행한다(공회전 및 가속 시 충전).

⑥ 엔진 컨트롤

엔진이 최적화된 작동을 유지하도록 엔진 부하에 따른 목표 속도와 토크를 결정하여 ECU를 제어한다.

⑦ 엔진 시동(On) 및 정지(Off) 제어

시스템 상태에 따라 엔진 시동방법을 결정한다. 주로 HSG로 엔진 시동을 걸지만, HSG가 고장일 경우 구동모터 또는 타력주행으로 시동을 걸기도 한다. 시동 및 엔진정지 시에는 HSG가 구동되어 엔진 회전속도를 구동모터의 속도와 동기화시켜 진동 및 충격이 발생되는 것을 방지한다.

⑧ 엔진 클러치 제어

엔진 클러치의 동력전달, 슬립제어를 결정하여 TCU로 전송한다. HCU는 목표 유압을 결정하고, TCU는 해당 솔레노이드를 전류 제어한다.

⑨ 토크 분배

주행 상황에 따라 필요한 토크를 두 동력원에 효율적으로 분배한다(엔진 및 구동모터). 예를 들면, 모터의 효율이 높은 차량 출발 시나 저속구간에서는 모터만으로 구동하고 엔진의 효율이 높은 정속 및 중・고속구간에서는 엔진으로 구동한다.
급가속 또는 등판과 같이 높은 토크가 요구되는 구간에서는 엔진과 모터를 동시에 구동시키며, 엔진의 작동 효율을 우선하여 모터 동력을 보조한다.

⑩ 시스템 제한

고전압 배터리의 충・방전 한계치를 제어한다. 필요시 모터의 출력 및 충전량을(모터, HSG) 제한한다.

⑪ 보조 배터리(12V) 제어

LDC(Low Vlotage DC-DC Converter)의 출력 전압을 가변제어하며, 차량에서 필요한 전원을 제공한다.

⑫ 페일 세이프(Fail Safe)

HEV 시스템에 문제가 있으면, HCU에서 고장을 진단하고 안전을 위해 적절한 조치명령을 내린다.

03 기타 주요 구성품

부품	기능
EWP (Electric Water Pump)	HSG, HPCU의 냉각을 위한 전동식 냉각수 순환장치
HSG (Hybrid Starter Generator)	하이브리드 차량의 고전압을 이용한 엔진 시동 및 충전장치
E-COMP (Electric Compressor)	고전압을 사용하는 전동식 에어컨 컴프레셔
OPU (Oil Pump Unit)	EOP의 구동을 위한 전원 공급 장치(EV 주행 시, A/T 미션 유압 발생)
EOP (Electric Oil Pump)	OPU의 제어에 의해 회전하며 변속에 필요한 유압을 형성
VESS (Virtual Engine Sound System)	EV 모드로 주행 시 주행음을 발생시켜 보행자의 안전을 확보
AHB (Active Hydraulic Booster)	제동에 필요한 압력을 엔진의 진공이 아닌 별도의 모터를 이용하여 생성하는 제동 시스템
E-CWP (Engine Coolant Water Pump)	엔진 냉각을 위한 전동식 워터펌프

(1) EWP(Electric Water Pump) - 전동식 워터펌프

차량의 전동화가 진행되면서 엔진을 대신하는 구동모터가 존재하고 HPCU, HSG 등과 같은 전동화 제품에 대한 냉각이 중요하게 되었다. 워터펌프의 역할은 냉각수를 순환시키는 것인 만큼 냉각해야 할 부품들이 늘어났고 순환하는 거리 또한 증가하였다. 이와 같이 HSG, HPCU의 냉각을 위한 전동식 냉각수 순환 장치가 EWP이다.

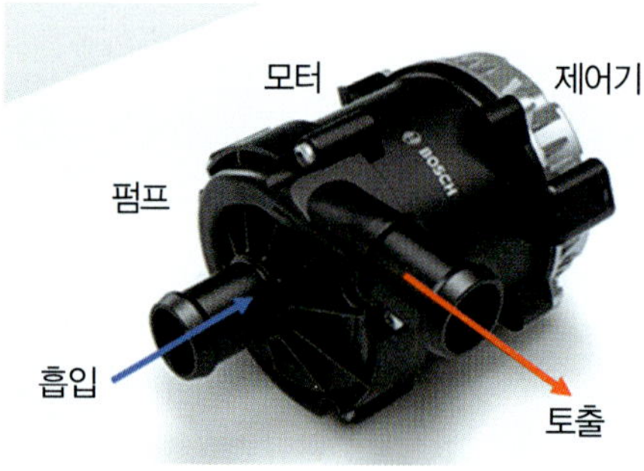

그림 75 | EWP

(2) HSG(Hybrid Starter Generator)-하이브리드 스타트 제네레이터

HSG는 크랭크축 풀리와 구동 벨트로 연결되어 있으며, 엔진 시동 기능과 발전 기능을 수행한다.

1) 엔진 시동 제어

HEV 모드 진입 시 고전압을 이용한 회전력으로 엔진 시동.

2) 엔진 속도 제어

부드러운 엔진 클러치 연결을 위해 엔진을 구동모터의 회전속도까지 회전시킨다.

3) 소프트 랜딩 제어

엔진 시동 OFF 시 엔진에 부하를 걸어 엔진에서 발생되는 진동을 최소화한다.

4) 발전 제어

고전압 배터리의 SOC(30% 이하) 엔진 회전력으로 고전압 배터리를 충전한다.

그림 76 | HSG 형상

출처: https://image.ajunews.com/content/image/2011/08/29/20110829000213_0.jpg

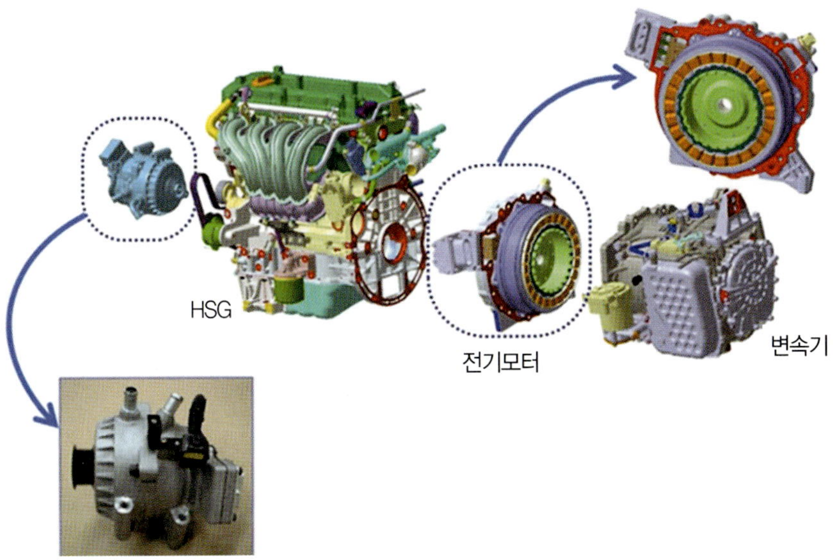

그림 77 | HSG 설치위치

출처: https://www.optimaforums.com/cdn-cgi/image/format=auto,onerror=redirect,width=1920,height=1920,fit=scale-down//media/optima-Hybrid-engine-main-parts.235305/full

(3) 능동형 전자제어 브레이크(AHB: Active Hydraulic Booster)

브레이크 잠김 방지 장치(ABS), 구동력 제어 시스템(TCS), 전자제어 주행 안전 장치(ESC) 등의 기능을 탑재한 통합형 제동 장치이다. 제동 시 일반 차량은 내연기관 엔진을 통해 공급되는 진공압력을 이용하여 운전자의 페달 답력을 증폭하여 제동을 한다.

AHB는 모터와 펌프를 이용하여 유압을 높이는(Boosting) 방식을 채택하고 있다. 이는 주행 중 엔진을 정지시키는 하이브리드차나 엔진이 없는 전기자동차에 매우 유용한 기술이자 필수적인 기술로 평가되고 있다.

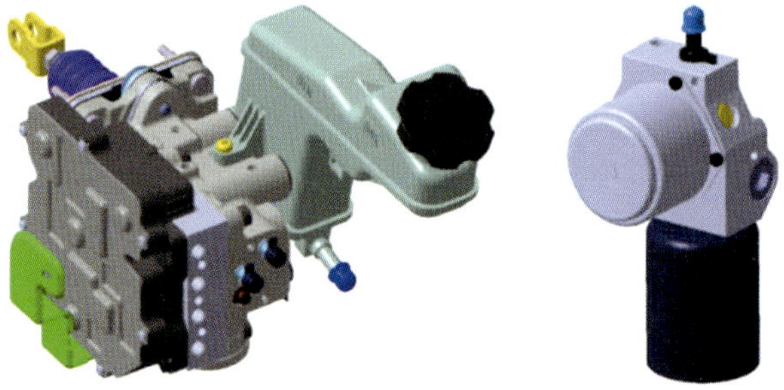

그림 78 | AHB(능동형 전자제어 브레이크)

출처: https://img.etnews.com/photonews/1404/556195_20140424130643_732_0001.jpg

작동은 PSU(Pressure Source Unit)에서 유압이 발생되어 센서부에 데이터가 입력된다. 이때 캘리퍼에서 제동이 발생되며 모터의 회생 제동 발생 시 발생률을 고려하여 제동비율이 결정된다.

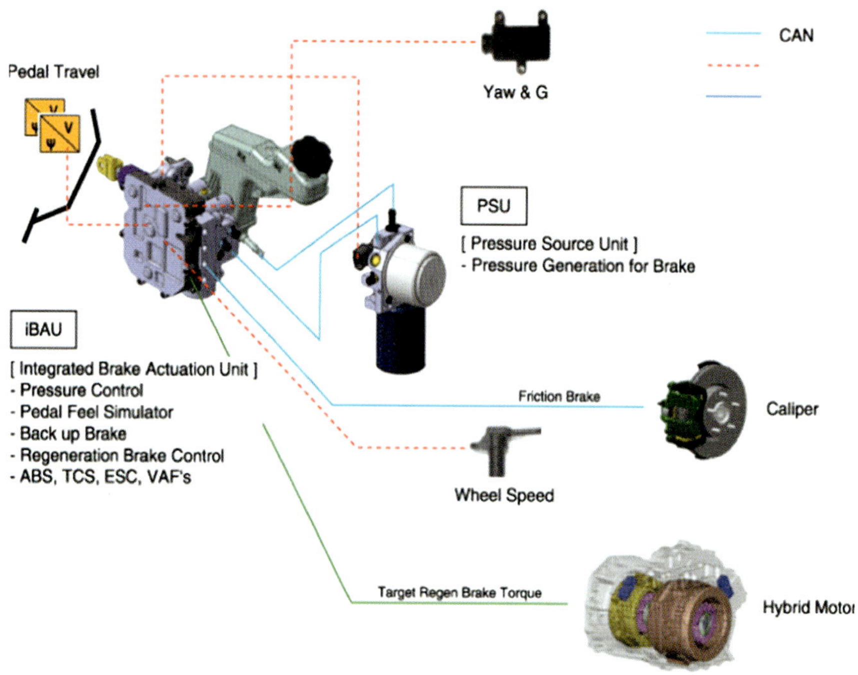

그림 79 | AHB(능동형 전자제어 브레이크) 작동 계통

출처: https://www.koptimatfhev.com/images/description_and_operation-2479/2071/svhbr4032d.gif

(4) OPU(Oil Pump Unit)

차량의 주행 전 자동변속기에 필요한 유압을 미리 공급하는 기능을 가진 3상 BLDC모터를 구동하는 제어기이다.

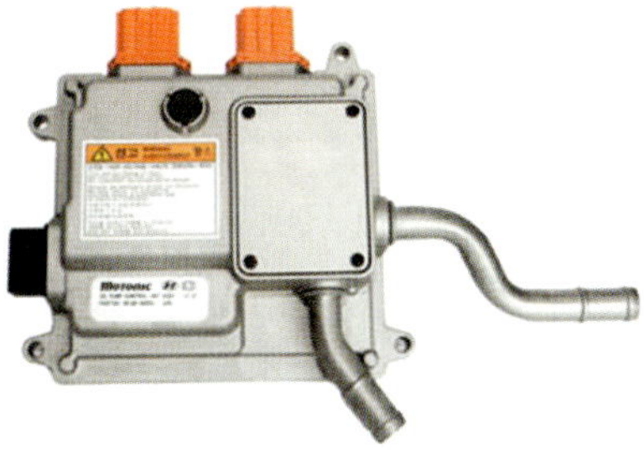

그림 80 | OPU

(5) VESS(가상 엔진 사운드 시스템)

EV 주행 시 보행자의 안전을 위해 엔진음을 발생하는 장치이다.

작동조건	• EV 주행 모드 • 최고시속 28km 이하(40~53dB) • 차속에 따라 음량 및 주파수 상승
작동 금지조건	• 변속레버 P위치 입력 시 • 엔진 구동 시

(6) AAF(Active Air Flap)

주행 중 냉각부하에 따라 라지에이터 그릴로 유입되는 유량을 제어한다.

① 엔진룸 주요 부품의 온도를 고려하여 고온 시 플랩을 개방한다(엔진 냉각 수온, A/T 오일 온도, 모터 인버터, HSG, LDC).

② 에어컨 작동 시 냉매 압력 보호를 위해 플랩을 개방한다.

③ 고속 주행 시 공기저항을 줄이기 위해 플랩을 닫는다.

④ 냉 시동 시 워밍업 속도를 올리기 위해 플랩을 닫는다.

그림 81 | VESS

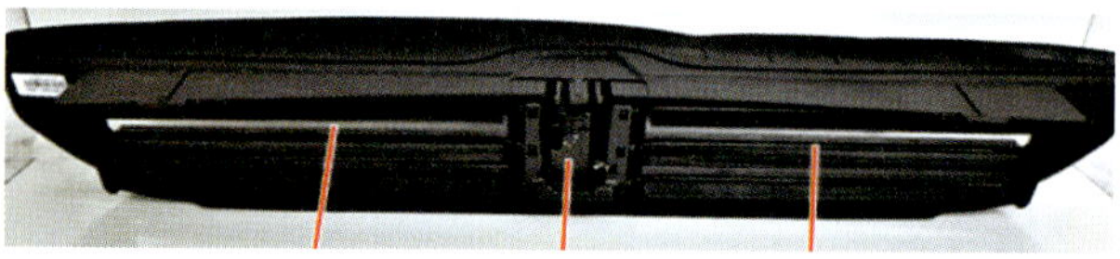

그림 82 | AAF

출처: https://www.koptimatfhev.com/images/description_and_operation-2479/2071/svhbr4032d.gif

3 하이브리드 전기자동차 동력전달 모드

01 직렬 방식 하이브리드(감속기 장착된 HEV) 작동 모드

엔진은 고전압 배터리에 충전만 하고, 모터의 동력만으로 바퀴를 구동시키는 방식이다. BMW I3 REX, GM 2세대 볼트가 여기에 해당되며, 국산 차종은 없다.

(1) 주행 작동 모드

1) 모터 주행 시

고전압 배터리 → HCU → 구동모터 → 감속기 → 차동기어 → 구동 바퀴

2) 주행 중 고전압 배터리 충전 시

엔진 시동 → 발전기 → HCU → 고전압 배터리

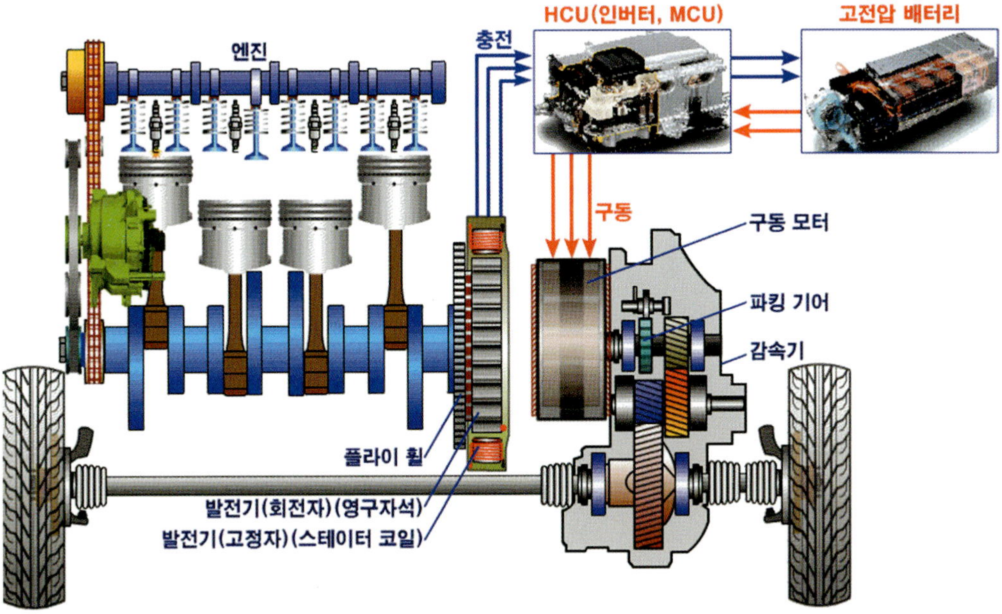

그림 83 | 직렬형 하이브리드 작동 모드(감속기 장착)

출처: http://jwkang7.wo.to/pds11/images/9-1.gif

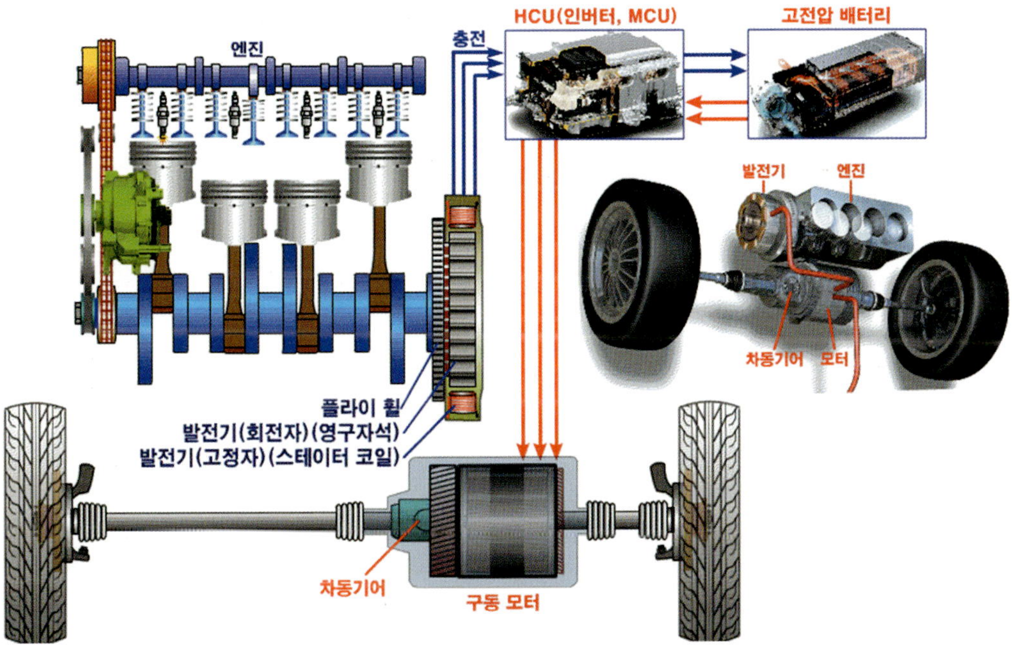

그림 84 | 직렬형 하이브리드 작동 모드(감속기 없이 차동기어와 모터 일체형)

출처: http://jwkang7.wo.to/pds11/images/9-2.gif

02 병렬 소프트 방식 하이브리드 작동 모드(FMED 방식)

병렬 소프트 방식(Soft Type)은 모터가 플라이휠에 설치되어 있는(FMED : Fly Wheel Mounted Electric Device) 형식이며, 엔진과 모터가 같이 연결되어 있어, 모터 단독으로 구동하지 못한다. 엔진 혹은 엔진+모터로 구동하게 되어 있다.

(1) 주행 작동 모드

① 엔진 시동 시 : 모터로 시동

② 공회전/서행 시 : 엔진 구동

③ 고속/가속/등속 시 : 엔진 + 모터 구동

④ 감속/제동 시 : 모터가 발전기로 변환되어 배터리 충전

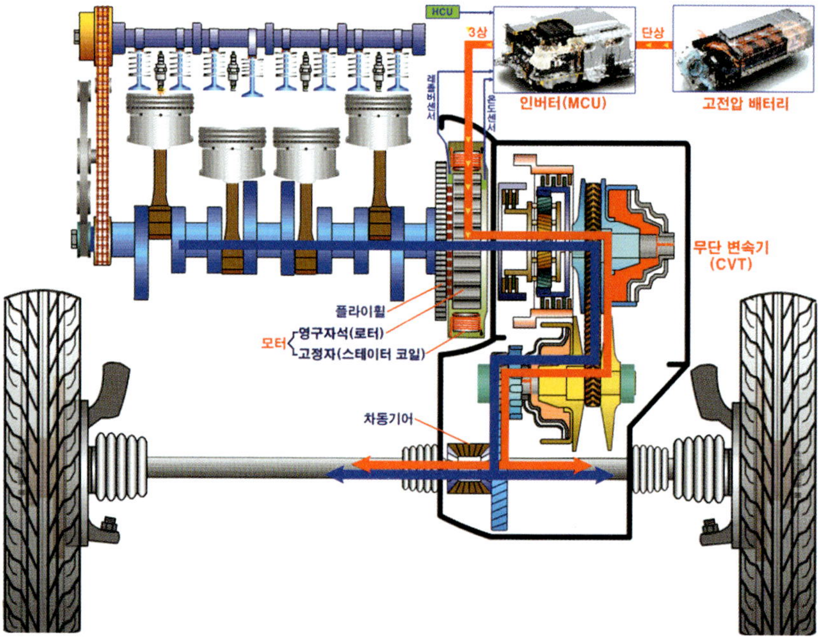

그림 85 | 병렬 방식 하이브리드 작동 모드

출처: http://jwkang7.wo.to/pds11/images/10-3.gif

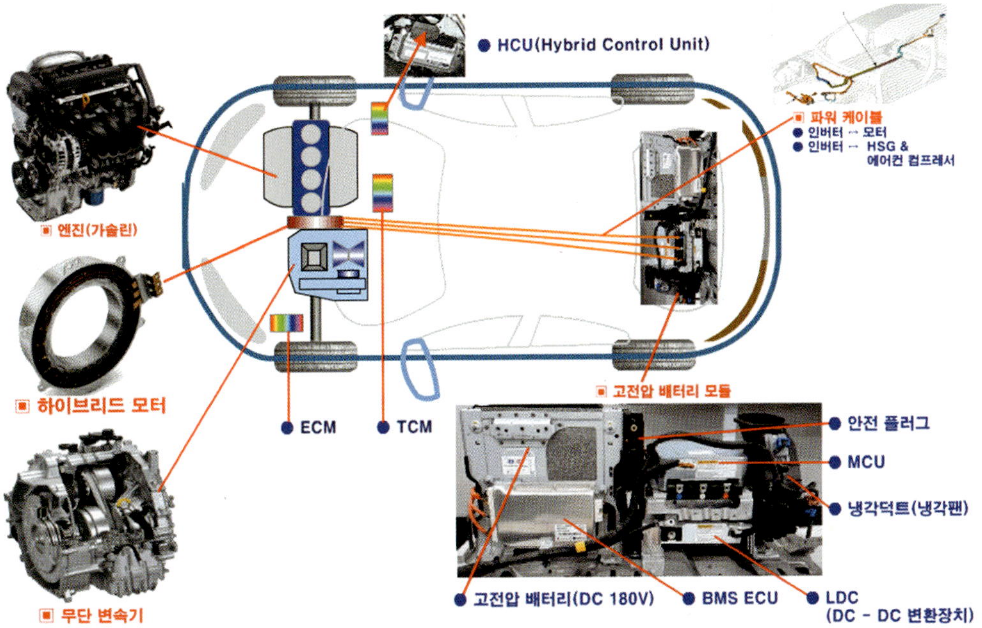

그림 86 | 병렬 방식 하이브리드 구성도

출처: http://jwkang7.wo.to/pds11/images/10-4.gif

03 병렬 하드 방식 하이브리드 작동 모드(TMED 방식)

모터가 변속기에 장착된 방식(TMED : Transmission Mounted Electric Device)으로 모터와 엔진 사이는 클러치로 분리되어 있어 모터 구동, 엔진 구동, 엔진+모터 구동을 할 수 있다. 병렬 하드 방식, 풀(또는 하드) 방식, TMED 방식이라 부른다.

(1) 주행 작동 모드

1) EV 주행 모드

출발 및 저속에서는 모터의 힘만으로 구동한다.

2) 엔진 주행 모드

고전압 배터리 방전 시 엔진으로 주행하면서 HSG(하이브리드 스타터 제너레이터)로 고전압 배터리를 충전한다.

3) HEV 주행 모드

자동차 구동력이 많이(고속, 가속, 등속 운전) 필요한 경우 엔진 + 모터로 주행한다.

4) HSG는 HEV 모드

진입 시 엔진을 시동하며, 엔진 시동 후 동기화(구동모터 속도까지 엔진 회전수 올림) 후 클러치 접속시킨다.

5) 회생 제동

감속 시 브레이크 페달을 밟거나 관성 주행 시 모터가 발전기로 전환되어 전기를 생성하고 배터리에 충전하는 방식이다. 원리는 회전자(영구자석)가 자기장을 발생시키면 고정자(스테이터 코일)가 자기장을 끊어 전기를 발생시킨다(엔진 저속 부근).

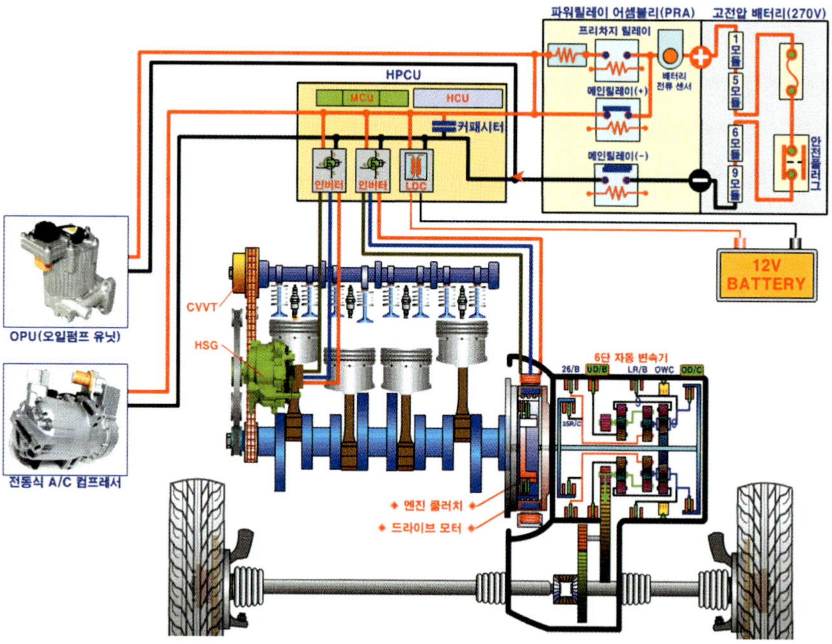

그림 87 | 병렬 방식 하이브리드 작동 모드

출처: http://jwkang7.wo.to/pds11/images/11-1.gif

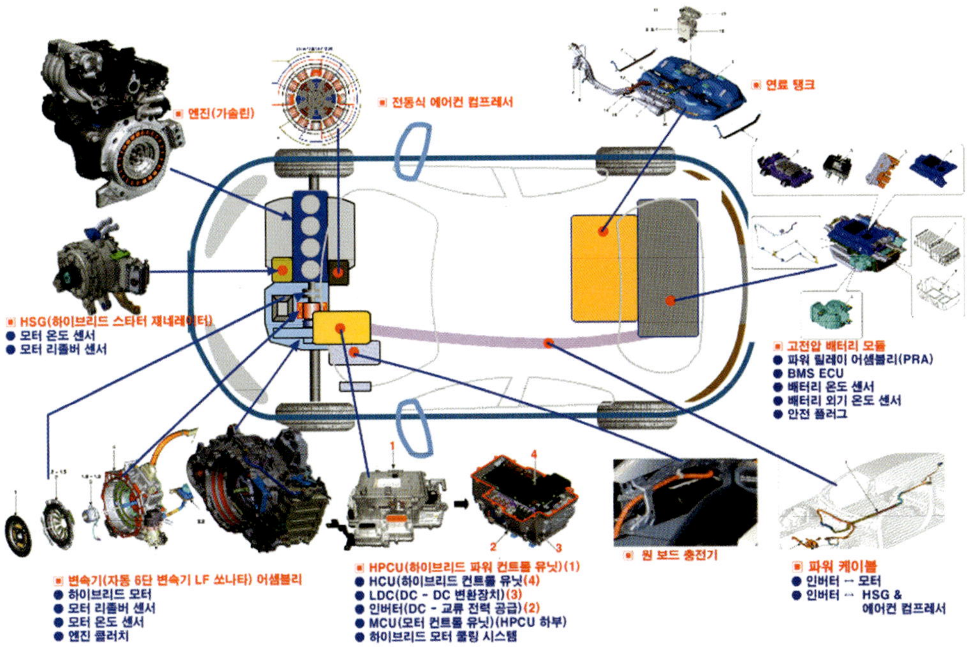

그림 88 | 병렬 방식 하이브리드 구성도

출처: http://jwkang7.wo.to/pds11/images/11-2.gif

04 동력 분기식(Power Spilt Type) 하이브리드 작동 모드

복합(동력 분기식 하이브리드) 방식은 2개의 모터를 이용하고, 동력의 분기를 위해 유성기어를 사용한다. 모터 1은 주로 발전용으로 사용하며, 모터 2는 자동차를 구동시킬 수 있는 모터이다.

EV 모드는 저속 운행할 때 적용되며, 충전된 배터리에서 모터 2로 전기를 공급하여 모터 2로만 차체를 구동시키고, 엔진 시동을 걸기 위해서는 모터 1이 회전하여 시동을 걸어 엔진의 구동이 시작된다.

HEV 모드에서는 엔진과 모터 2를 모두 사용하여 차체를 구동시키며, 엔진을 통해 회전된 모터 1은 발전기가 되어 조금씩 충전을 할 수 있다. 회생 모드는 모터 2에 의해서만 충전이 된다.

(1) 동력 분기식 하이브리드 작동 모드

1) 엔진 시동

배터리 → 인버터 → MG1 → 선기어 → 피니언(캐리어) → 엔진(감속 회전)

2) EV 모드(출발·저속)

배터리 → 인버터 → MG 2(감속 회전) → 링기어 → 피니언 → 선기어(공전)

3) HEV 모드(중·고속 주행)

유성기어 입력 요소 2요소(MG2 → 링기어, 엔진 → 캐리어)이면 유성기어 전체가 1:1 회전한다.

4) 회생 제동

유성기어 전체가 1:1로 회전하면서 엔진의 반력에 의해 유성기어가 천천히 회전하며, 회생 제동이 이루어진다(MG1, MG2 충전).

5) 후진 주행

후진 주행 시에는 인버터에서 모터 고정자의 배선 3선 중 2선을 바꾸어 MG2를 전진 시의 역방향으로 구동함으로써 후진한다(혹은 인버터 스위칭 반대로 ON, OFF).

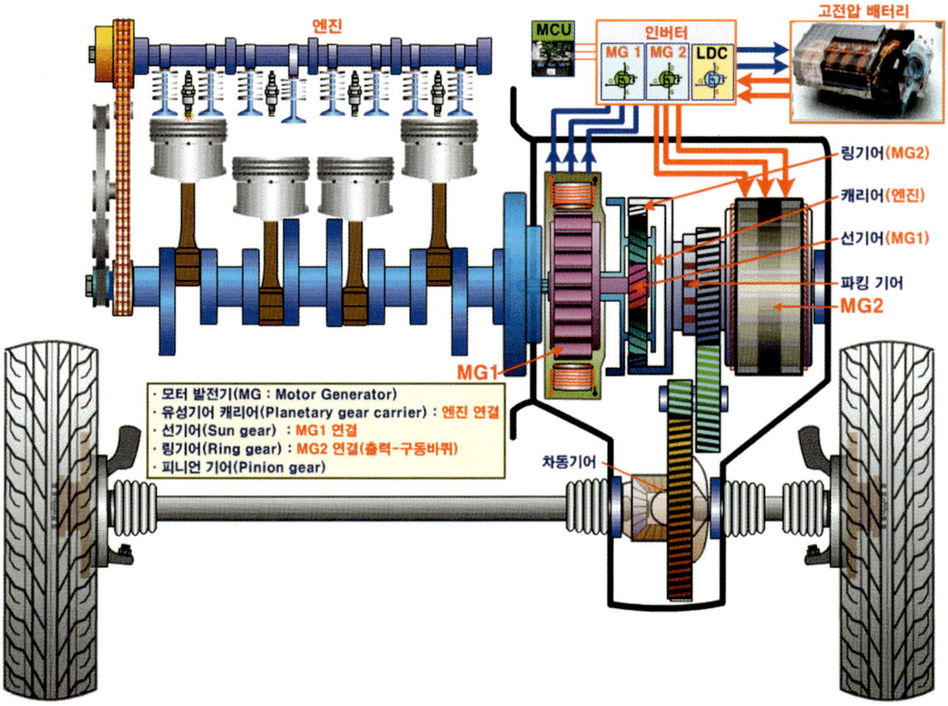

그림 89 | 동력 분기 방식 하이브리드 작동 모드

출처: http://jwkang7.wo.to/pds11/1112.htm

4 하이브리드 전기자동차 주행모드

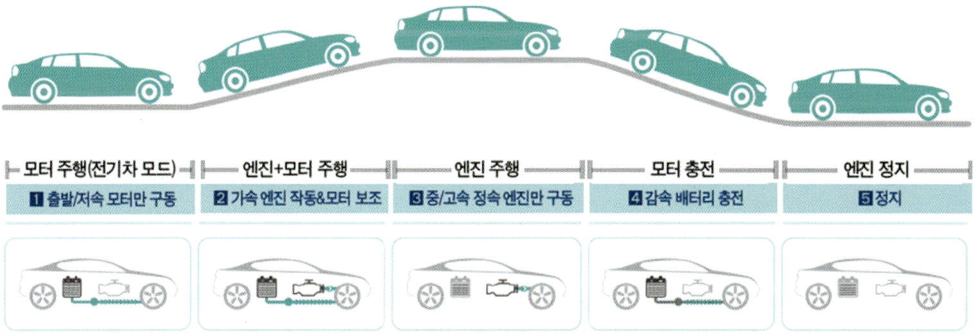

그림 90 | 하이브리드 전기자동차 주행모드

출처: 이국환(2023)

01 출발/저속 모드

큰 구동력이 필요하지 않은 출발이나 서서히 가속 시 모터가 사용된다. 모터의 구동으로 운행되며, 엔진의 힘이 필요하지 않기 때문에 연료 소비가 없고, 엔진 소음이 발생하지 않는다.

02 가속 모드

차량 속도 증가로 큰 구동력이 필요시 엔진 시동, 오르막길, 급가속 등으로 큰 구동력이 필요할 때 엔진과 모터를 동시에 사용한다.

03 정속 모드

엔진 효율이 가장 좋은 중·고속 정속 주행 시에는 엔진만 사용한다.

04 감속 모드

감속이나 제동 시 발생되는 에너지를 전기에너지로 변환시켜 배터리를 충전한다.

05 정지 모드

신호 대기 등 정차 시 엔진이 정지된다.

5 플러그인 하이브리드 전기자동차(PHEV) 주행 모드

플러그인 하이브리드 전기자동차는 엔진과 모터 동력을 조합하여 차량을 구동하는 측면에서는 하이브리드 전기자동차와 동일하지만, 플러그인 하이브리드 전기자동차는 외부 전원을 연결하여 배터리를 충전할 수 있고, 하이브리드는 감속 시 발생한 전기만으로 충전한다는 점이 다르다.

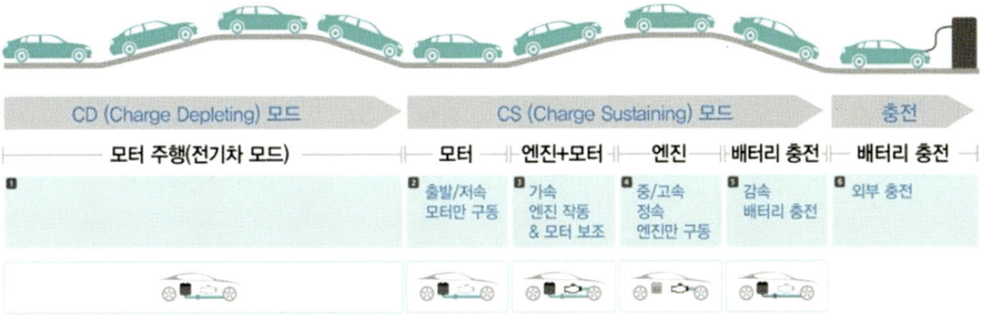

그림 91 | 플러그인 하이브리드 전기자동차 주행모드

출처: 이국환(2023)

01 모터 주행 모드(전기자동차 모드)

배터리를 일정량 사용할 때까지 모터만으로 전 구간 주행을 한다.

02 출발/저속 모드(전기자동차 모드)

큰 구동력이 필요치 않은 출발이나 서서히 가속 시 모터를 사용한다.

03 가속 모드

속도 증가로 큰 구동력이 필요시 엔진을 시동하거나 오르막길, 급가속 등으로 매우 큰 구동력이 필요시 엔진과 모터를 동시에 사용하여 주행한다.

엔진이 주이고 모터는 보조 역할을 한다.

04 중 · 고석 정속 모드

엔진 효율이 가장 좋은 중·고속 정속 주행 시에는 엔진만 사용한다.

05 감속 모드

감속이나 제동 시 발생되는 에너지를 전기에너지로 변환시켜 배터리를 충전한다.

06 외부 충전 모드

외부에서 배터리 충전이 가능하다.

6 하이브리드 전기자동차 냉각 시스템

하이브리드 전기자동차의 주요 부품인 HPCU 내부에는 다량의 반도체를 포함한 전기·전자 부품으로 구성되어 있어 작동 시 열이 많이 발생한다. 특히 열 발생량이 기존 내연기관 차량의 전장부품보다 더 높은 편이며, 이러한 열 발생은 각 제어기의 효율을 저하시키고 작동을 제한한다.

반도체의 특성상 일정 온도 이상의 고온에서는 도체가 되어버릴 수 있어 정상적인 작동이 불가능하다. 따라서 HPCU 관련 부품을 적절히 냉각시켜 주는 것이 중요하며, 이를 위해 기존 엔진 냉각라인과는 별도로 전기식 워터펌프를 이용하는 수냉식 냉각라인인 EWP(Electronic Water Pump)가 설치되어 있다.

내연기관 엔진 냉각라인과 공동으로 사용하지 않는 이유는 기계적인 내연기관의 냉각온도 구간과 고전력 반도체 부품의 냉각온도 구간이 서로 다르기 때문이다.

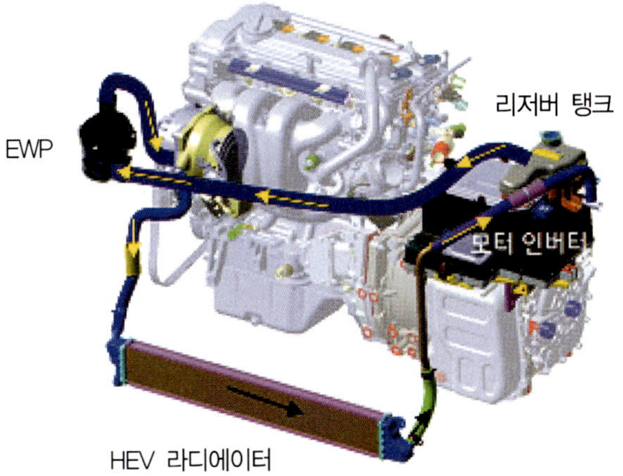

그림 92 | 하이브리드 전기자동차 냉각 시스템 구조

출처: 김영일 외(2021)

내연기관 엔진 냉각수는 100℃를 기준으로 오버히트(Overheat)로 고려하지만, HPCU는 75℃ 이상의 온도를 HPCU의 정상작동을 제한하는 온도로 고려한다.

인버터가 받는 온도의 영향은 97℃가 되면 인버터의 출력이 정지된다. 일반적으로 93℃에서 정격출력의 약 80%를 출력하고, 95℃부터 큰 폭으로 출력이 제한되기 시작한다.

LDC는 온도가 85℃에 도달하면 LDC의 출력이 정지된다. 온도에 더욱 민감하여 65℃까지는 정격출력의 100%를 출력하지만, 75℃에서 약 60%, 80℃에서 약 25%로 출력이 제한된다.

HPCU의 냉각을 위해 MCU에 의해 직접 구동되는 전동식 워터펌프가 적용되고 있다. 별도의 냉각라인을 통해서 HSG 냉각이 이루어지고 있고, 냉각수 탱크가 별도로 HPCU 근처에 설치되어 있다.

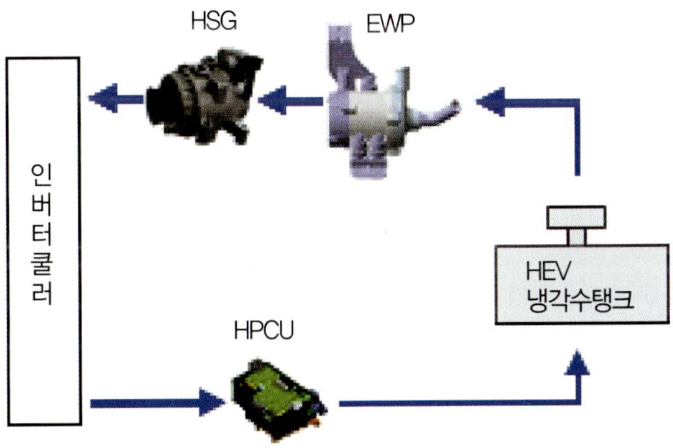

그림 93 | 하이브리드 전기자동차 냉각시스템 흐름도

출처: 김영일 외(2021)

5

전기자동차(EV)

1 전기자동차 개요

1 전기자동차 현황

기후 위기와 화석연료 고갈의 가시화로 1800년대 후반부터 약 1백년이 넘게 사용되어 왔던 내연기관 자동차가 점차 전기자동차로 대체되고 있다. 세계 10위권의 온실가스 배출국인 우리나라는 발전, 수송, 산업 생산 등 다방면에서 온실가스 감축을 위한 다양한 노력 중 특히 자동차 배출가스 저감을 위한 전기자동차의 개발 및 보급에 관심이 높아지고 있다.

전기자동차는 전기를 동력원으로 구동모터를 작동시키는 자동차로 배터리로만 가는 전기자동차(EV: Electric Vehicle), 구동모터와 내연기관을 동시에 사용하는 동력원이 둘 이상인 하이브리드 전기자동차(HEV: Hybrid EV) 그리고 동력원으로는 배터리에 저장한 전기만을 사용하고, 필요에 따라 외부 충전기를 이용한 충전을 시켜줄 수 있는 내연기관을 가진 플러그인 하이브리드(PHEV: Plug-In Hybrid EV) 그리고 수소 연료를 사용하여 전기를 생산하는 연료전지 자동차(FCEV: Fuel Cell EV) 등 크게 4종류가 있다.

최근 몇 년간 순수 배터리와 전동기만으로 구동하거나 수소 연료전지를 사용하여 구동하는 전기자동차가 빠른 속도로 개발 및 보급이 이루어지고 있다.

2008년 IEA(International Energy Agency) 자료에 따르면 온실가스 배출의 23%를 수송부문이 차지하고 있는 것으로 나타났다. 수송부문은 향후 실질적인 변화를 수반하지 않는다면 지구 온난화 억제 목표를 달성하는 데 큰 부담으로 작용할 것으로 각국 정부들이 수송부문의 규제를 보다 강도 높고 일관되게 추진하고 있다.

선진 각국 정부들이 내놓은 2020년 이후의 온실가스 배출 기준은 내연기관 자동차의 효율 증대로는 도저히 달성할 수 없는 목표로 평가되어, 배기가스가 전혀 없는 자동차(ZEV: Zero-Emission Vehicle)를 추가 생산, 판매해야만 하는 상황이다.

미국과 유럽 각국 정부는 자동차 생산업체들이 일정 수준의 연비 기준을 맞추지 못할 경우 과징금을 물리고 있다. 유럽은 2015년 기준으로 자동차의 이산화탄소 배출량이 km당 130g을 넘으면 초과 배출량 수준에 따라 누진적인 벌금을 자동차 기업에 부과하고 있다.

자동차 배기가스 규제가 강화되면서 자동차 생산업체들이 선택할 수 있는 대안은 기존 내연기관의 효율을 대폭 향상시키거나 전기자동차의 생산 비중을 높이는 것이다. 내연기관 자동차의 이산화탄소(CO_2) 배출을 현재보다 30~40% 줄이기 위해서는 배기량 감소, 소형 경량화, 파워트레인 개선, 혁신적 직접 연료분사 기술 등과 함께 하이브리드 전기자동차의 개발이 필요하다. 전기 전동기와 내연기관 엔진의 작동 특성상 저속에서는 전기전동기가 내연기관보다 출력이 훨씬 좋으며, 배기가스 감소 효과도 크다.

전기자동차는 고전압 배터리로 인해 차량 가격은 비싸나 내연기관 자동차에 비해 구동모터의 구조가 간단하고, 부품이 적기 때문에 유지 보수비용이 적게 든다. 또한 회생제동으로 제동 관련 소모품의 교환 주기가 매우 길어지고 있다. 그러나 전기자동차의 급가속과 고전압 배터리로 인한 차량 무게 증가는 타이어의 마모를 촉진시켜 타이어 교환주기가 단축된다.

겨울에 내연기관 자동차는 실내 난방에 엔진의 폐열을 사용하지만, 전기자동차에는 발열을 내는 부품이 없어 폐열을 활용하기 쉽지 않아 소비한 전력만큼의 열만 발생시키고 전기 온풍기를 사용하여 효율이 매우 낮아져 전기자동차의 주행거리가 크게 줄어드는 원인이 된다. 또한 여름에 에어컨을 작동하면 전기를 많이 소모하기 때문에 주행거리가 많이 짧아지게 되나 히터보다는 전력 소모가 덜하다.

전기자동차는 배터리 온도가 지나치게 낮을 경우 효율이 줄어들기 때문에 배터리에도 공조 덕트를 설치하여 뜨거운 바람이나 뜨거운 냉각수가 들어갈 수 있게 하여 배터리 효율을 높인다.

전기자동차는 고효율 특성에 의해 배터리와 인버터 이외엔 많은 냉각을 필요로 하지 않아서 내연기관에게는 필수인 전면 라디에이터 그릴이 없는 차량이 많다. 전기자동차의 고전압 배터리는 대용량이며 출력전압이 대부분 상용전원보다 높아 대형 가전제품도 돌릴 수 있을 만큼 넉넉하기에 거대한 보조배터리의 역할을 수행할 수 있다.

전기자동차 충전소는 국내외 모두 아직 시설이 부족하며 충전 시 많은 시간이 소요된다. 국외의 경우 단독주택의 비중이 높아 차주가 자비로 충전시설을 구축할 수 있으나, 국내는 공동주택이 절대 다수라서 공동 충전소와 아파트 단지 내 충전소 설치 등에 많은 문제가 있어 충전기 보급에 한계가 있다.

국내법상 기계식 주차장의 차량 무게를 제한하고 있어 중형은 1,850kg, 대형은 2,200kg으로 제한하고 있는데, 전기자동차는 허용된 무게를 초과하게 되어 입고가 불가능한 곳이 많다.

인프라 확충 및 보급률로 인한 원가의 감소와 국가의 전기자동차 지원정책 등으로 차량 가격의 할인이 많은 편이나 원가 감소는 기본적으로 한계가 있다.

2 친환경자동차 종류

전기자동차는 전기공급원으로부터 전기에너지를 동력원으로 사용하는 자동차를 말한다. 전기자동차는 내연기관을 대신하여 외부로부터 충전된 배터리의 에너지로 구동모터만을 구동시키며, 효율 향상을 위해 전기전동기와 엔진을 병행 사용하는 하이브리드 전기자동차와 구분된다.

하이브리드 전기자동차는 별도의 충전 인프라가 필요 없으나 플러그인 하이브리드 전기자동차는 하이브리드 전기자동차보다 대용량 배터리를 사용하여 전기를 주 동력원으로 사용하며, 외부에서 직접 배터리 충전이 가능하다. 그러나 전기자동차는 내연기관 없이 전동기와 배터리로만 구성되어 있으며, 주행 시 오염물질 및 이산화탄소의 배출이 없는 장점을 가지고 있다.

표 1 | 친환경자동차의 종류

구분	하이브리드 전기자동차	플러그인 하이브리드 전기자동차	전기자동차
구동형태	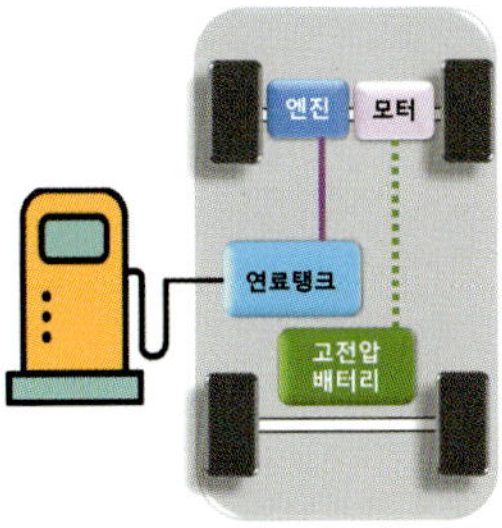	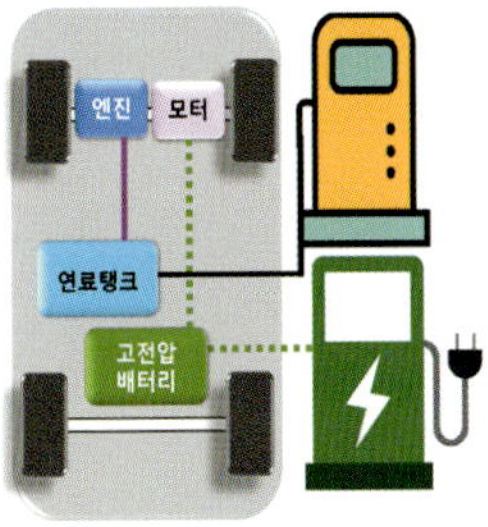	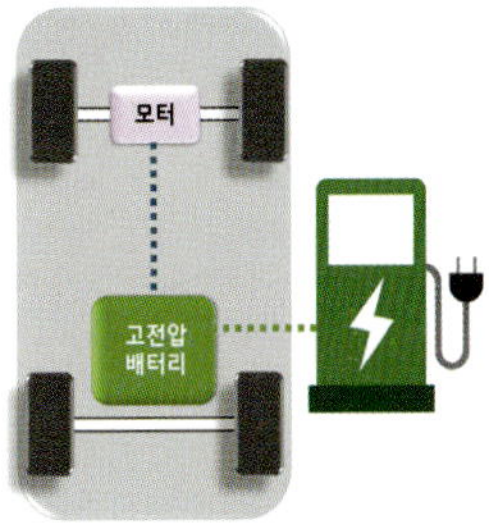
구동원	엔진+구동전동기	엔진+구동전동기	구동전동기
에너지	전기, 화석연료	전기, 화석연료 전기는 엔진 충전+외부 충전	화석연료
특징	주행조건별 엔진과 전동기를 조합한 최적 운행으로 연비 향상	주행조건별 엔진과 전동기를 조합한 최적 운행으로 연비 향상 하이브리드+전기차 특성	충전된 전기에너지로만 주행 무공해 차량

3 전기자동차 구조

전기자동차는 화석연료를 사용하지 않고 외부로부터 충전된 배터리의 에너지만을 이용하여 구동되므로, 내연기관이 없어 유해 배기가스 발생이 없는 이동수단이다.

전기자동차와 내연기관 자동차의 가장 큰 차이점은 사용하는 에너지와 배출되는 오염 물질이다.

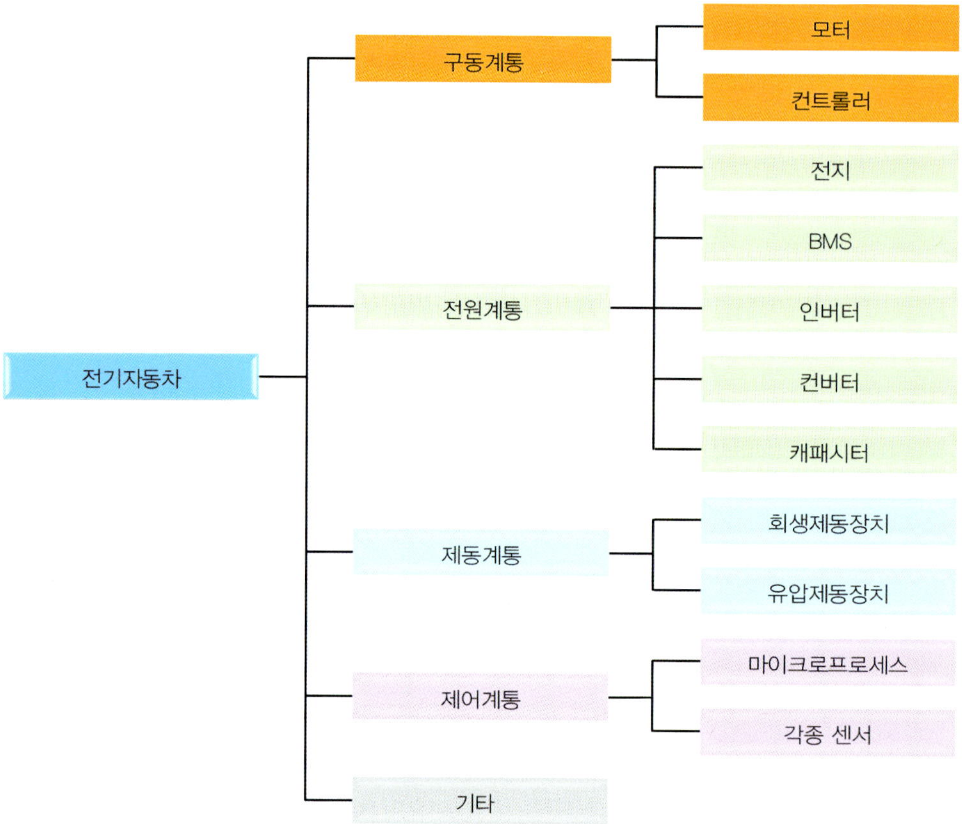

그림 1 | 전기자동차 주요 부품

전기자동차는 배터리, 구동모터, 인버터/컨버터, 회생제동장치, 배터리 관리 시스템(BMS) 등으로 구성된다. 배터리는 재충전이 가능한 2차 전지가 이용되며, 전기자동차 품질에 가장 큰 영향을 미친다. 구동모터는 엔진을 대체하여 자동차 구동을 가능하게 하며, 고전압 배터리를 통해 구동력을 발생시킨다. 인버터/컨버터는 직류와 교류를 변환시키는 역할을 한다. 배터리 관리 시스템(BMS: Battery Management System)은 축전지의 충전, 방전을 조절하고 보호하는 역할을 하여 축전지의 품질을 향상시킨다.

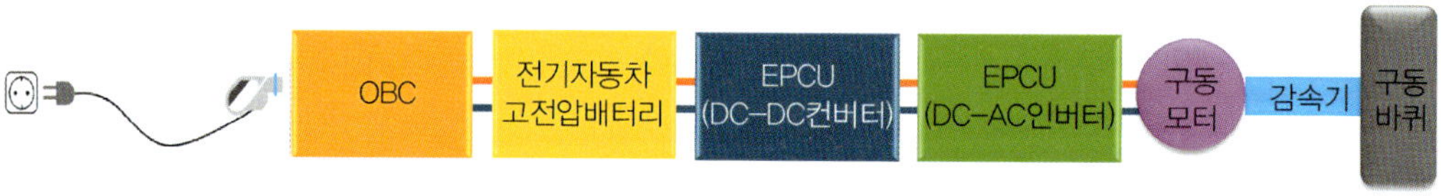

그림 2 | 전기자동차 동력 프로세스

전기자동차는 고성능 배터리와 고속충전 기술이 필요하다. 모터에는 직류모터와 교류모터가 있다. 직류모터는 고정자의 전극을 마이너스와 플러스로 바꿔주기 위해 보통 카본으로 만들어진 브러시가 필요하다.

교류모터는 브러시가 필요 없으나 교류의 타이밍을 모터로 얻고 싶은 토크나 회전수에 맞춰 조정하는 것이 어려워 효율이 낮았다. 요즘에는 회전자와 고정자의 위치관계를 정확히 알아서 교류 전류를 흘리는 방식이 개발돼 마치 브러시 없는 직류모터와 같은 성능을 낼 수 있다. 그리고 모터에 걸리는 전압은 회전수와 전류 양쪽에 관계된다.

전기자동차로 평지를 달리며 속도를 높이려면 전압을 올리면 되고, 고갯길에서 같은 속도로 달리고 싶으면 전압을 올리고 회전수를 유지한 상태에서 전류를 증가시키면 된다.

표 2 | 전기자동차 구성품

구성품	특징
축전지	리튬이온 전지, 리튬 폴리머 전지, 리튬인산철 전지
모터	구동바퀴 모터-효율이 높음
인버터(Inverter)	전지의 직류를 교류로 변환
IGBT 모듈(KEC)	대전력이 소요되기 때문에 대전력 스위칭 및 제어용 파워 모듈 /IGBT(Insulated Gate Bipolar Transistor)
DC/DC 컨버터 (Converter)	구동모터에서는 수백 볼트의 고전압을 필요로 하지만, 보조기기에서는 12V의 저전압이 사용
PCU (Power Control Unit)	인버터와 컨버터 등을 묶어서 하나의 모듈로 만들어 사용
ECU(Electronic Control Unit)	각 부문에서 추가로 ECU가 필요
각종 X by Wire	Steer by wire, Brake by wire 등의 각종 X by Wire(현재의 벨트식 구동을 모터로 대체하여 제어하는 전선으로 연결되는 각종 시스템을 일컬음)도 그 중요도가 점차 높아질 것이다.
BLDC모터	• 각종 소형 일반모터로 사용 • 예전에는 직류모터를 사용했으나 최근에는 교류모터나 브러시리스 모터 등을 사용하는 경향이 두드러짐 • 전기자동차 한 대에 대략 1,000개 이상의 모터가 탑재
변속기	인휠 방식일 경우에는 필요 없음

구성품	특징
모터제어기	• 액셀 페달 조작량 및 속도를 검출해서 거기서 의도한 구동토크 변화를 가져올 수 있도록 차속이나 부하 등의 조건에 따라 모터의 토크 및 회전속도를 제어한다. • 직류모터라면 전류의 크기를 제어 • 교류모터는 진폭이나 주파수/위상을 바꾸어서 자동차의 주행 상황을 변경한다.
회생제동장치	• 전기자동차의 에너지 소비를 줄여주는 데 있어 매우 중요한 역할을 하는 것이 회생 브레이크이다. • 전기자동차 모터는 발전기와 구조가 같아 전류를 흘리면 회전하고 반대로 밖에서 힘을 걸어 회전시키면 발전기가 됨 • 차를 감속시키거나 제동을 할 때 그 힘으로 모터를 회전, 전기를 발전시켜 축전지로 보내는 장치를 만들면 전기소모량을 많이 줄일 수 있다. • 엔진차를 전기자동차로 개조하는 경우 엔진 위치에 모터를 장착하고 트랜스미션과 디퍼렌셜기어를 그대로 사용하는 일이 많다. • 전기자동차에 사용되는 모터들은 저속에서 고속까지 무단으로 부드럽게 변환시킬 수 있기 때문에 반드시 변속기와 감속기가 필요하지는 않다. • 실제로 최근에 오리지널 전기자동차로 개발된 차들은 바퀴를 각각 하나씩 돌리도록 여러 개의 모터가 장착된다.

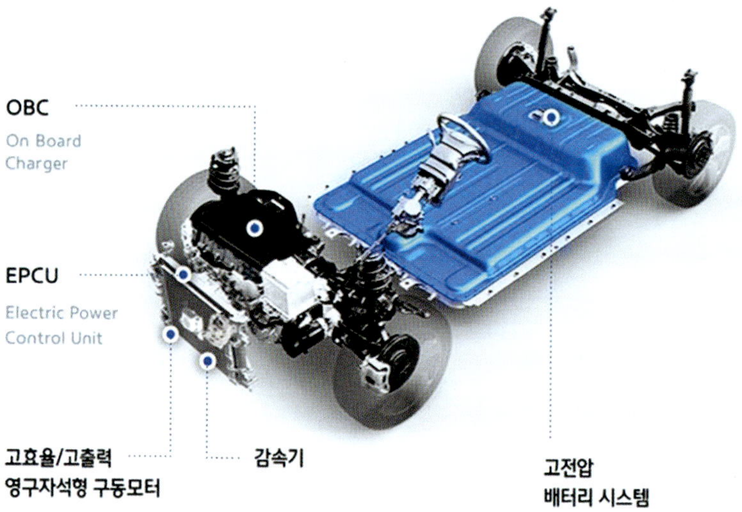

그림 3 | 전기자동차 구조

01 배터리

전기자동차에서는 구동모터와 배터리가 가장 중요한 부품으로 전기자동차의 성능, 가격에 큰 영향을 미친다.

배터리는 1차 전지와 2차 전지로 나누는데, 1차 전지는 일상생활에서 많이 쓰이는 1회용 배터리를 말한다. 2차 전지는 충전이 가능한 배터리로 다양한 2차 배터리 중 국내 전기자동차에는 리튬이온 배터리가 주로 사용되며 배터리 셀, 모듈, 배터리 관리 시스템(BMS), 냉각장치 등으로 구성된다.

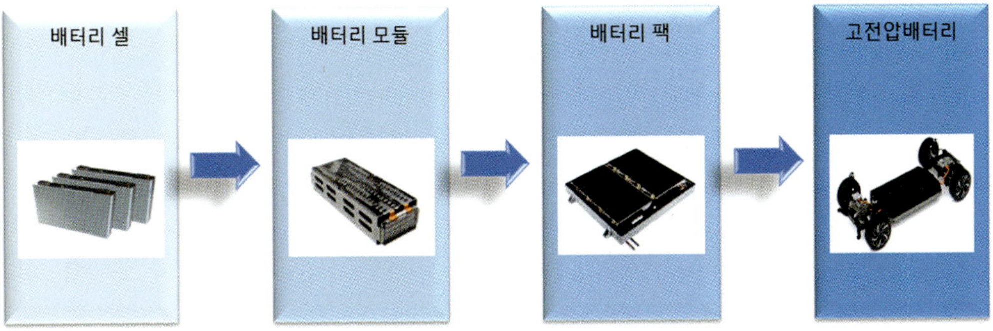

그림 4 | 배터리 셀, 배터리 모듈, 배터리 팩

전기자동차의 고전압 배터리는 배터리 셀이 모여 모듈이 되고, 모듈이 모여 배터리 팩이 된다. 배터리 셀은 양극, 음극, 전해액, 분리막, 덮개로 구성되며, 배터리 팩에는 배터리의 상태 측정과 통제를 위한 배터리 관리 시스템과 냉각장치가 부착된다.

배터리는 배터리의 셀 수를 늘리면 고전압을 얻을 수 있지만, 그에 따른 충전이나 방전 상황이 다르기 때문에 셀 관리는 수가 많아질수록 제어가 어려워진다. 그래서 배터리는 관리와 안정성 확보를 위하여 배터리 관리 시스템(BMS: Battery Management System)이 중요하다.

표 3 | 친환경자동차 비교

종류	하이브리드 전기자동차 (HEV)	플러그인 하이브리드 자동차(PHEV)	전기자동차 (EV)
구조	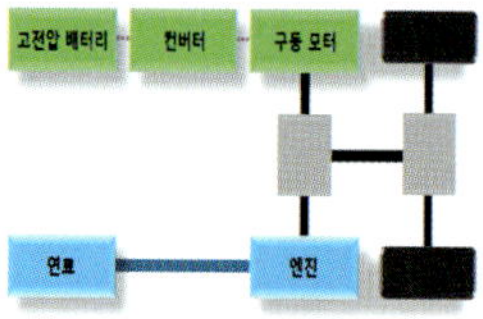	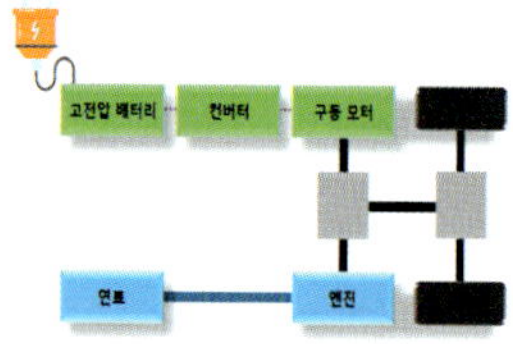	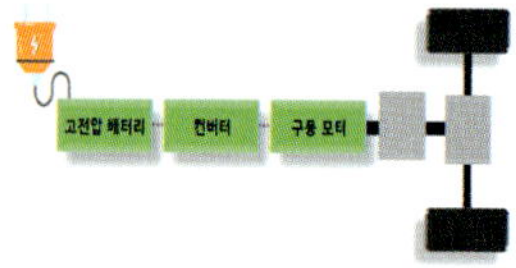
사용 연료	가솔린, 디젤, LPG	전기+가솔린, 디젤, LPG	전기
배기가스	적음	거의 없음	없음
배터리 용량	1~2kWh	4~16kWh	25~85kWh
충전장치	없음	있음	있음

향후 전기자동차의 보급은 배터리 가격과 용량이 주요한 요소이다. 배터리는 전기자동차 생산원가의 가장 큰 비중을 차지하며, 전기자동차의 가격, 주행거리 등을 좌우하는 핵심 부품이다.

표 4 | 2차 전지 특성

종류	Ni-MH 배터리 (니켈-수소 배터리)	리튬이온 배터리	리튬폴리머 배터리
특징	• 전력 수준이 낮다. • 자가 방전율이 높다. • 보관 수명이 3년에 불과하다. • 메모리 효과 가짐	• 특정한 높은 에너지를 제공 • 무게가 가볍다. • 높은 가격 • 극한 온도의 불용 • 안전에 문제 있음	• 전압은 3.6V로 폭발위험이 없음 • 젤 타입의 전해질로 배터리 용량을 다양하게 만들 수 있다. • 과충방전 시 보호회로가 불필요하다.

02 구동모터

전기자동차에서 구동모터는 내연기관 자동차의 엔진과 같은 역할을 한다. 전동기 축에 감속기를 연결하여 적절한 회전력을 바퀴에 전달하여 자동차를 움직이게 한다.

전기자동차의 구동모터는 구동용과 회생용으로 사용된다. 전동기는 내연기관 자동차 엔진과 변속기의 역할을 하며, 인버터에 의한 전동기 회전수 제어로 주행속도를 제어한다.

전기자동차용 구동모터의 전원은 고전압 배터리의 직류전원으로 시동 시의 토크가 커야 하며, 구조가 간단하고 기계적인 내구성이 커야 한다. 또한 속도 제어가 용이해야 하며, 취급 및 보수가 간편하고 위험성이 없어야 한다. 또한 소형이고 가벼워야 하는 요구조건을 잘 갖추어야 한다.

전기자동차 구동모터는 사용 전원과 브러시의 유무에 따라 직류(DC) 전동기와 교류(AC) 전동기, 브러시가 없는 BLDC전동기 등으로 구분된다.

직류(DC) 전동기는 가장 광범위하게 사용되며 직류 전원으로 구동되는 전동기이다. 브러시로 전력을 공급하여 마찰열로 인해 1~2년에 한 번씩 브러시를 교환해 주어야 하며, 회전자에 전기가 흘러 전동기가 작동하여 내부 발열에 따른 냉각이 어려운 단점이 있어 전기자동차에 많이 사용하지 않고 있다.

교류(AC) 전동기는 교류를 전원으로 사용하여 구동되는 전동기로 회전자에 전류를 보내는 것이 아니라 외부 고정자에 있는 코일에 전류를 보내기 때문에 발열에 따른 냉각이 쉽고 내구성이 좋다. 가격도 비교적 싸고 수명이 길어 유지보수가 쉽다는 것이 장점이나, 고정자에 배치된 코일을 제어함으로써 정밀한 제어도 가능하지만 제어 자체는 DC전동기보다 어려운 것이 단점이다.

그림 5 | 교류모터 구조

표 5 | 전동기의 장단점

구분	직류전동기	교류전동기
구조	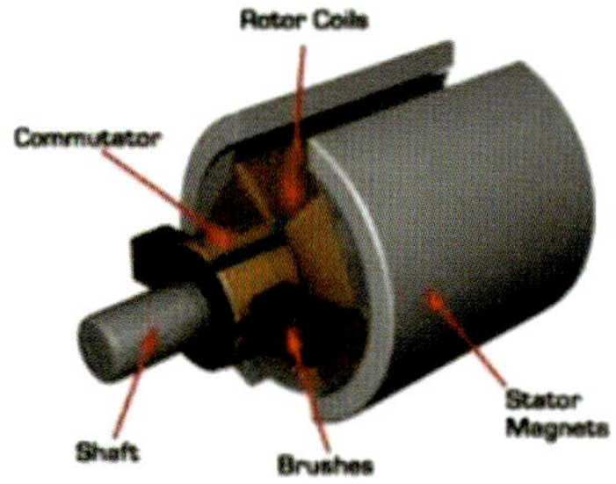	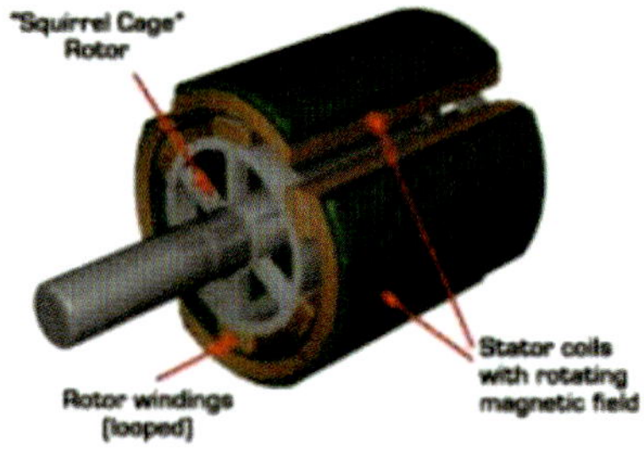
작동	브러시 정류자에 의해 직접 직류 전류가 공급된다.	고정자에 교류 전류를 공급하면 회전자에 전류가 비접촉으로 유도되어 회전한다.
장점	• 작은 부피 • 빠른 속도 • 크기에 비해 큰 힘	• 높은 효율 • 큰 힘 • 용이한 속도가변(주파수변화) • 수명이 길다(보수유지비용 저렴). • 저렴한 가격
단점	• 부하에 따라 속도변화가 심하다. • 속도가변이 힘들다. • 수명이 짧다(브러시). • 소음이 심하다.	• 회전속도는 느리다.

BLDC전동기는 DC전동기의 브러시로 인한 마찰열의 문제점을 보완한 전동기로서 전동기 베어링의 수명 기간에는 부품 교체가 없어 오랜 시간 사용할 수 있다. 효율이 높아 다양한 출력의 전동기가 개발되고 있으나, 가격이 높고 정격출력 1.2배를 넘기지 못해 정격출력 범위를 초과할 경우 전동기에 열이 상승하는 단점이 있다.

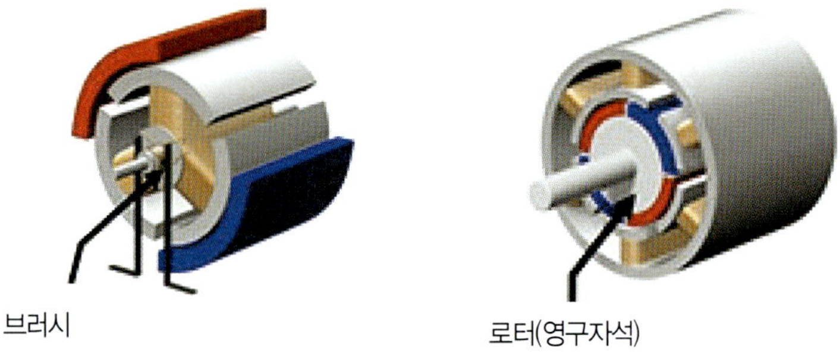

(a) 브러시전동기 (b) 브러시리스전동기

그림 6 | BLDC전동기

인휠 모터는 전동기가 바퀴의 안쪽에 설치되어 구동모터의 회전자 자체가 바퀴가 되어 자력으로 바퀴를 직접 회전시키는 전동기이다. 전기자동차 등에서 구동력을 발생시키는 구동모터가 타이어 휠 허브 내에 장착된다.

그림 7 | 인휠 전동기

내연기관 자동차는 엔진 동력을 차축이나 기어박스를 통해 타이어에 전달하는 과정에서 에너지 손실이 발생한다. 그러나 인휠 전동기는 전동기가 바퀴를 직접 구동하기 때문에 에너지 손실이 적으며, 차축이나 기어박스 등이 없기 때문에 무게가 가볍고, 공간이 늘어난다.

03 인버터, 컨버터

인버터는 직류 전원을 자동차 주행을 위한 전동기를 가동하기 위해 직류전력을 교류전력으로 변환하는 전력변환장치이다. 배터리에서 얻은 직류전압을 조정하는 장치로 컨버터(Converter: 변환기)라고 부른다.

인버터는 각종 회로와 함께 입/출력을 위한 커넥터, 파워 소자, 전기를 보관하는 커패시터 등으로 구성된다.

인버터의 작동원리는 전력용 반도체를 사용하여 상용 교류전원을 직류전원으로 변환시킨 후 다시 임의의 주파수와 전압의 교류로 변환시켜 유도전동기의 회전속도를 제어하는 방식이다. 유도전동기의 자속밀도를 일정하게 유지시켜 효율 변화를 막기 위하여 주파수와 함께 전압도 동시에 변화시켜야 한다.

전기자동차에 사용되는 구동모터는 최대속도가 10,000rpm 이상 고속운전이 가능해야 하며, 회전력에 대해 저속에서 고속까지 정밀제어가 가능해야 한다.

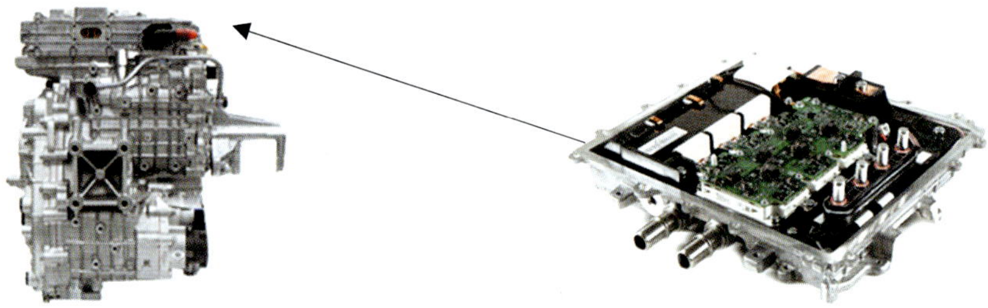

그림 8 | 인버터

인버터는 컨버터와 같은 작용을 하면서 직류를 교류로 변환시키는 기능을 하며 직류를 교류로 만들기 위해 변조기가 사용된다. 인버터는 컨버터에 비해 구조가 복잡하다. 자동차용 전동기는 토크와 회전수를 조절하기 쉽고 전체적으로 가벼운 것이 이상적이다.

직류전동기는 브러시에 의한 전압강하와 기계적 손실로 효율이 떨어지는 결점이 있어 최근에는 유도식 교류전동기인 브러시리스 DC전동기가 사용되고 있다.

표 6 | 인버터 종류 및 특성

구분		동작 특성	비고
전류형 (Current Source)		정류부(Rectifier)에서 전류를 가변하여 평활용 Reactor로 일정 전류를 만들어 인버터로 주파수를 가변함.	대용량 채용
전압형 (Voltage Source)	PAM	정류부(Rectifier)에서 DC전압을 가변하여 콘덴서로 평활전압을 만들어 인버터부로 주파수를 가변함.	초기에 사용된 기술로 현재는 단종됨.
	PMW	정류부(Rectifier)에서 일정 DC전압을 만들고 인버터로 전압과 주파수를 동시에 가변함.	최근 대부분의 인버터에 채용

- 펄스 폭 변조(PWM: Pulse Width Modulation)
- 펄스 진폭 변조(PAM: Pulse Amplitude Modulation)

04 전력 반도체 및 제어 모듈

PCU는 자동차 주행 상태 및 운전자의 의지를 판단하여 최적의 운행 상태가 되도록 엔진 및 자동변속기를 통합 제어장치로 인버터, 컨버터, 제어기 등을 구동 및 제어 수행한다.

05 전기자동차 충전 인프라

전기자동차 충전을 위한 인프라는 전력공급설비, 충전기, 인터페이스, 정보 시스템이다. 전력공급설비는 전기자동차에 전원을 공급하기 위한 전기설비로서 전력량계, 인입구 배선, 분전반, 배선용 차단기 등이 포함된다. 충전기는 전원을 교류전압으로 충전하는 완속 충전기와 직류전압을 이용하는 급속 충전기로 구분된다.

표 7 | 충전 방식 차이

구분	급속 충전기	완속 충전기
공급방식	DC전원 공급 (배터리 직접 충전)	AC전원 공급 (차량 내 OBC로 충전)
최대출력	50kw	7.7kw
충전시간	30분 이내	4~6시간

인터페이스는 충전기에서 전기자동차에 전기를 공급하기 위해 연결되는 커플러, 케이블 등이 포함된다. 커플러는 충전케이블과 전기자동차가 접속하는 장치로 충전케이블에 부착된 커넥터와 전기자동차의 인렛으로 구성된다. 커넥터는 충전케이블에 부착되어 있으며, 전기자동차 인렛에 접속하기 위한 장치이다. 인렛은 자동차 커플러를 구성하는 부분으로 전기자동차에 부착되어 충전케이블의 커넥터와 연결되는 부분이다.

충전정보 시스템은 충전기의 설치 위치 및 이용 상태 정보 등을 실시간으로 수집하여 충전기 운영 상태에 대한 실시간 모니터링을 한다. 공공 충전시설 급속 충전기는 전기자동차 충전기능과 사용자 인터페이스, 충전전력량계, 사용자 인식장치 및 통신 단말장치를 설치하고, 통신장치를 통해 환경부 전기자동차 충전정보 시스템과 연계하여 운영된다.

교류충전 : 한국·미국·일본(5핀), 유럽·중국(7핀) 적용

KSRIEC 62196-2	AC 5핀	AC 7핀
교류충전(AC) 커플러		

직류충전 : 제조사(기아, GM, BMW 등)별 차데모(DC전용), 5핀/7핀 콤보 적용

KSRIEC 62196-3	5핀 콤보	7핀콤보	차데모(DC전용)
직류(DC) 및 콤보(AC/DC 겸용) 충전 커플러			

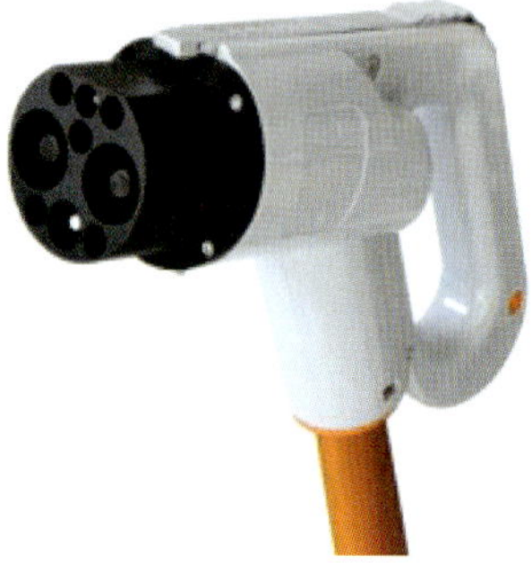

그림 9 | 충전 커플러

4 전기자동차 주요구성 장치

전기자동차의 주요 구성 장치는 배터리 관리 시스템(BMS), 고전압 배터리, 전동기, 인버터, 컨버터, 회생제동장치 등이 있다.

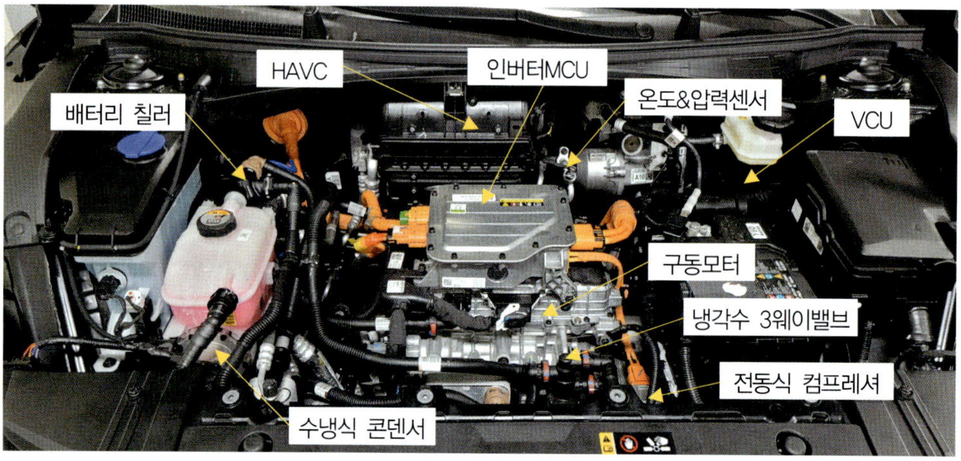

그림 10 | 전기자동차 주요 부품

배터리는 재충전이 가능한 2차 전지로 국내에서는 리튬이온 배터리가 주로 이용되고 있으며, 구동모터는 고전압 배터리의 전원으로 구동력을 발생시킨다. 인버터나 컨버터는

직류와 교류를 변환시키는 역할을 한다. 배터리 시스템은 배터리의 충전, 방전을 조절하고 보호하는 역할을 하여 배터리의 품질을 향상시킨다.

전기자동차의 구동모터는 모터 드라이버에 의해 PWM(Pulse Width Modulation) 제어로 동력 손실을 최소화하여 전달하고, 내연기관 자동차에 비해 가속력이 좋고 기동토크가 크고, 전력 소모도 상대적으로 적은 편이다.

전기자동차의 구동모터는 내연기관에 비해 기계적인 구조가 단순하고 폭발이 발생하지 않아 적은 소음으로 주행할 수 있다. 그래서 자동차에 스피커를 달아서 저속주행에서 가상 주행음을 내도록 되어 있다.

전기자동차는 내연기관 자동차에 비해 상대적으로 동력변환 효율이 우수하며, 적은 공간을 사용하므로 설계가 자유롭다. 구동축에 직접 설치되어 기계 손실을 최소화할 수 있으며, 추가적인 출력이 필요하면 전동기를 2개 또는 바퀴 한쪽에 전동기 하나씩을 설치한다.

인버터(Inverter)는 직류를 교류 형태로 변환 출력하는 전력변환 시스템으로 전기자동차에서 고전압 배터리의 직류전원을 교류전동기가 요구하는 교류 형태의 전원으로 변환하여 공급함으로써 전동기가 작동되도록 하는 장치이다. 컨버터(Converter)는 교류를 직류 형태로 변환 출력하는 전력변환 시스템으로 직류 전원을 차량 내장품이 요구하는 직류 전원으로 변환하는 장치이다.

전지자동차가 차량의 속도를 감속하거나 제동을 위해 브레이크를 작동하면 전기전동기가 발전기 모드로 전환되어 차량의 운동에너지를 전기에너지로 변환하여 배터리 팩으로 다시 공급되어 배터리를 충전시키는 장치가 회생제동장치이다.

전기자동차에서는 회생제동으로 자동차가 감속할 때 전기를 생산하여 배터리에 충전시켜 내연기관에 비해 제동에서 소모되는 에너지를 적게 하여 에너지 효율을 높이는 기능을 한다. 도심 저속 주행에서 가속과 감속이 반복적으로 사용하는 경우 효율이 매우 높다.

배터리 관리 시스템(BMS: Battery Management System)은 BMU(Battery Management Unit), 파워 릴레이 어셈블리(PRA: Power Relay Assembly)로 구성되며, 고전압 배터리의 SOC(State Of Charge), 출력, 고장진단, 배터리 셀 밸런싱(Cell Balancing), 시스템 냉각, 전원 공급 및 차단을 제어한다. 배터리 관리 시스템(BMS)은 센서를 통해 전기자동차 배터리의 전류, 전압, 온도 등을 측정하고, 미리 파악하여 배터리가 최적의 성능을 발휘할 수 있도록 제어한다.

2 전기자동차 주요 부품

1 구동전동기(모터)

전동기(모터)는 서로 이끌거나 밀어내는 자석의 성질을 활용하여 회전하는 원리로 전동기 내의 고정자와 회전자 간 자석의 성질을 이용하여 회전한다. 고정자는 전동기 내에 고정되어 있는 상태에서 자석 또는 회전 자기장을 형성하게 되면 회전자가 이에 반응하여 구동에너지를 발생시킨다.

전동기는 크게 직류전동기와 교류전동기로 구분되며 직류전동기는 직류(DC) 전류를 사용하는 전동기이고, 교류전동기는 교류(AC) 전류를 사용하는 전동기이다.

01 전동기 종류

전동기는 전력으로 회전하고 축에 회전력을 발생시키는 동력 기계로 전류가 흐르는 도체가 자기장 속에서 받는 힘을 이용하여 전기에너지를 역학적 에너지로 변화시키는 역할을 한다.

그림 11 | 전동기

전동기는 전기를 에너지원으로 활용하여 작동하며 일반적으로 배터리를 통해 전기를 공급받는다. 여기서 전동기는 공급받는 전기가 흐르는 방식에 따라 전동기에 직류로 전달되어 작동하게 되면 직류(DC) 전동기, 교류로 변환 후 전달되어 작동하게 되면 교류(AC) 전동기로 구분한다.

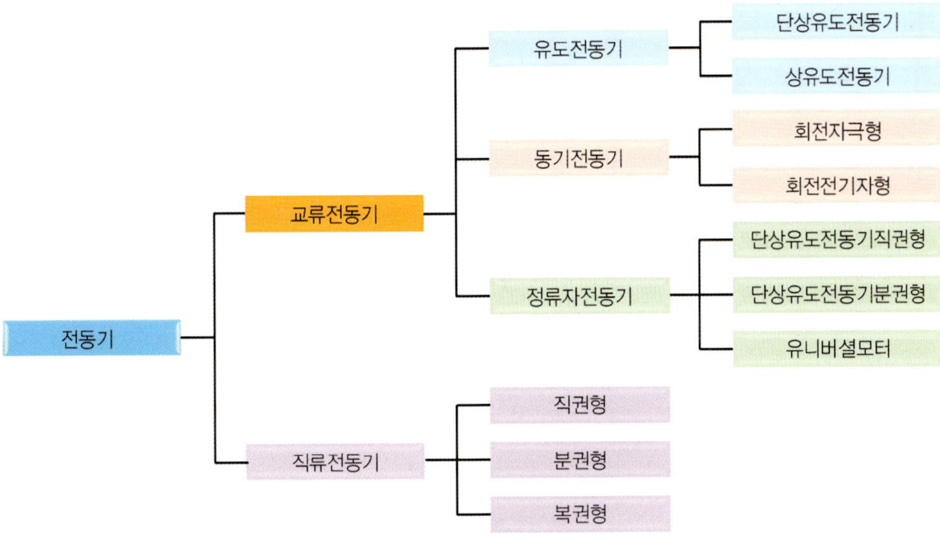

그림 12 | 전동기의 종류

(1) 직류전동기(DC Motor)

직류전동기는 직류 전류로 회전을 일으키는 장치로 고정자와 회전자로 이루어져 있으며, 회전자는 전기자(Amature coil)와 정류자(Commutator) 그리고 브러시(Brush)로 구성된다. 직류전동기는 직류전원을 공급받아 구동에너지로 변환하며, 고정자는 영구자석이 설치되며 회전자에는 전류가 흐르는 코일로 이루어져 있어 흐르는 전류에 따라 고정자의 자석에 반응하여 회전한다.

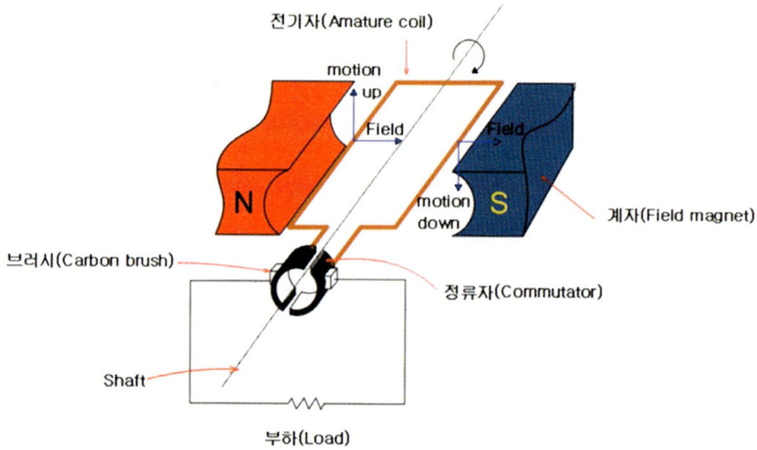

그림 13 | 직류전동기 구조

직류전동기는 속도, 토크 및 회전방향의 제어가 용이하고, 회전방향과 가속토크를 임의적으로 선택할 수 있다. 직류전동기는 정류나 기계적인 강도의 문제로 고속화가 어렵고, 교류전동기와 비교했을 때 복잡한 구조와 비싼 가격이 단점이다.

전기자동차는 직류전동기보다 교류전동기를 많이 적용하고 있지만, 전기자동차 시장 초기에는 직류전동기를 사용하기도 했으며, 차세대 전동기로 개발되고 있는 계자 권선형 전동기가 직류전동기를 응용한 형태이다.

직류전동기는 전기자가 180° 회전할 때마다 방향을 바꾸는 방법에 브러시가 설치되어 있는 브러시전동기와 전자 스위칭 기술을 이용해 브러시가 없는 브러시리스(Brushless) 전동기로 구분한다.

1) 브러시전동기(Brush Motor)

브러시전동기는 직류전동기의 기본 구조로 회전자에 있는 정류자에 브러시가 접촉되어 전원을 공급하는 방식이다. 회전자에 전류가 흐르게 되면 브러시와 정류자는 전기자에 공급되는 전류 방향을 회전 각도에 따라 전환시켜 회전자를 회전시킬 수 있는 자극을 만들어 고정자의 자석에 반응하는 형식으로 회전한다.

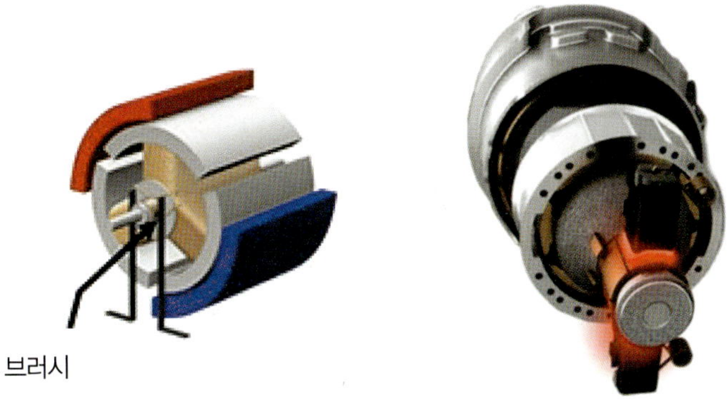

그림 14 | 브러시전동기

브러시전동기는 가격이 저렴하고 제어가 간단한 장점이 있지만, 지속적으로 접촉되는 브러시로 인해 수명이 짧고, 정비 비용이 발생하며 발열이 많은 단점이 있다.

브러시전동기는 브러시와 정류자가 회전할 때 접촉이 발생하여 브러시가 마모되면 작동되지 않기 때문에 정기적인 점검이 필요한 단점이 있다. 이를 개선하기 위해 브러시가 없는 브러시리스전동기가 개발되었다.

2) 브러시리스 직류전동기(BLDC Motor)

브러시리스 전동기(Brushless DC Motor)는 직류전동기에서 브러시가 없는 전동기이다. 브러시전동기의 브러시는 정류자를 통해 회전자의 코일로 전류를 흐르게 하여 작동한다. 이러한 정류자와 브러시와의 접촉으로 인한 브러시 마모를 개선하기 위해 고정자는 코일로, 회전자는 영구자석으로 이루어져 고정자에서 형성된 자극에 회전자가 반응하는 원리로 회전하는 브러시리스전동기가 개발되었다.

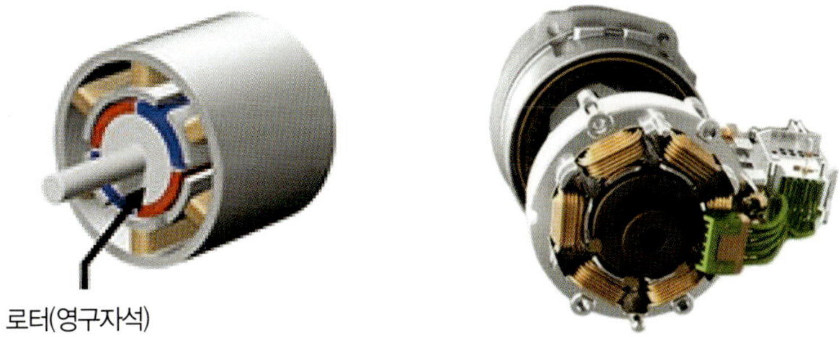

그림 15 | 브러시리스 전동기

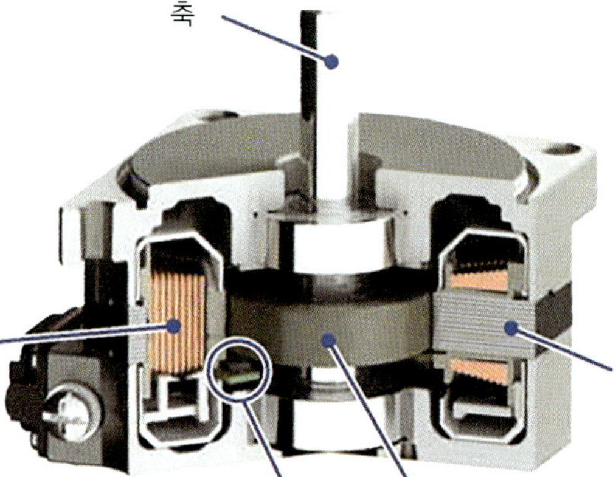

그림 16 | 브러시리스 전동기 구조

브러시리스 전동기는 변속기가 브러시와 정류자의 역할을 대신하여 구조가 비교적 단순하여 수명이 길고 발열이 적지만, 제어가 어려워 추가적인 제어 장치가 많이 적용되어 가격이 높다는 단점이 있다.

(2) 교류전동기

교류는 시간에 따라 흐르는 방향과 크기가 주기적으로 변하는 전기의 흐름을 말한다. 교류전동기는 교류 전기를 받아 운동하고 전류 방향을 주기적으로 바꾸는 정류자가 필요 없다.

교류전동기는 직류전동기와 반대로 고정자에는 전류가 흐르는 코일로 이루어져 있고, 회전자에는 영구자석이나 자성에 반응하는 도체 또는 코일로 이루어져 있어 고정자에서 발생하는 회전 자기장에 반응하여 회전한다.

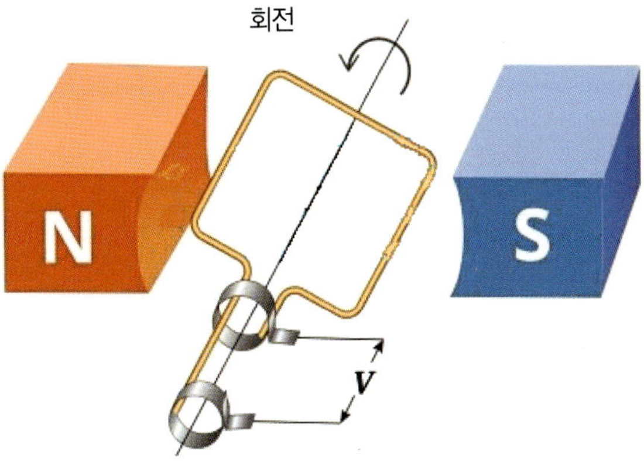

그림 17 | 교류전동기 구조

교류전동기는 직류 전류를 사용하는 배터리 전력을 사용하기 때문에 인버터를 필요로 하며, 직류전동기에 비해 구조가 비교적 간단하고 브러시나 정류자와 같은 소모품이 없기 때문에 고속에서 순간 최대 토크를 낼 수 있어 응답특성이 빠르다. 또한 무게당 토크가 크므로 크기를 작게 줄이고 경량화할 수 있으나, 직류전동기보다 복잡한 제어방법이 단점이다. 이는 배터리 가격과 더불어 전기자동차의 제작단가를 높이는 주된 요인 중 하나이다.

교류전동기 용량은 소형의 경우 수십 와트(w)에서 대형의 경우 수백 킬로와트(kW)까지이며 선풍기, 세탁기, 냉장고, 펌프, 크레인 등 다양한 분야에서 널리 사용된다.

교류전동기는 크게 단상식과 삼상식 두 가지로 구분하며, 회전자의 유형에 따라서 유도전동기, 동기전동기, 정류자전동기로 구분되기도 한다.

표 8 | 종류별 전동기의 장단점

구분	직류전동기	동기형 교류전동기	유도형 교류전동기
장점	• 기동토크가 큼 • 크기에 비해 큰 토크 • 높은 효율 • 편리한 제어 • 넓은 속도범위 • 저렴한 가격	• 브러시 없이 정비 용이 • 내환경성이 좋음 • 정류한계가 없음 • 신뢰성이 높음 • 고속토크 이용 가능 • 방열이 좋음	• 브러시 없어 정비 용이 • 내환경성이 좋음 • 정류한계가 없음 • 자석을 사용하지 않음 • 고속토크 이용 가능 • 방열이 좋음 • 회전 검출기 불필요
단점	• 방열의 한계 • 브러시 마찰로 기계 손상 큼 • 브러시의 정비 필요 • 접촉부의 신뢰성 부족 • 브러시에 의한 노이즈 발생 • 정류의 한계 • 사용 환경의 제한	• 시스템 복잡 • 고가의 가격 • 전기적 시정수가 큼 • 회전 검출기 필요	• 시스템 복잡 • 고가의 가격 • 전기적 시정수가 큼

1) 유도전동기(Induction Motor)

유도전동기는 동기전동기와 유사하게 코일로 이루어진 고정자에서 회전자기장을 형성하여 회전하는 원리를 가졌지만, 영구자석이 아닌 자성에 반응하는 도체가 적용되어 회전 자기장에 유도되어 회전력을 만드는 교류전동기이다.

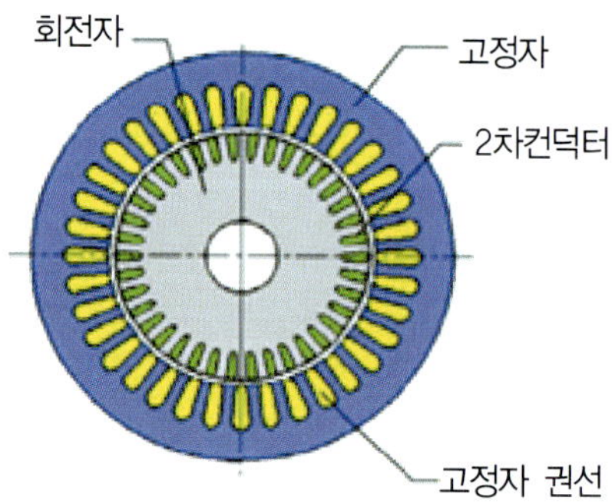

그림 18 | 유도전동기 구조

유도전동기는 구조가 간단하기 때문에 내구성이 높고 취급이 간단하다. 부하가 있는 상태에서 기동이 쉬우며, 기계적 강도가 높으며 제작이 쉽다. 전동기 운전을 급하게 멈추더라도 회전자의 자화가 스스로 풀리므로 영구자석 전동기와는 달리 역기전력에 발생이 없어 안전하다. 고속에서의 효율이 높아 고성능 차량에 적용되고 있다.

별도의 드라이브가 필요하지 않으나 만약 드라이브를 쓰더라도 센서 의존도가 낮고, 영구자석이 들어가지 않기 때문에 구조가 단순하여 가격이 저렴하다. 자석이 사용되지 않으므로 코일만 견디어 주면 열에 의한 성능 문제가 적고 과부하에 강하다. 그러나 영구자석 전동기와 비교했을 때 영구자석은 자체가 자속원이기 때문에 회전자에 전류가 흐를 필요가 없지만, 유도전동기는 구동 원리상 회전자에도 단락 전류가 흐르기 때문에 여기서 생기는 손실로 효율이 낮고 제어가 복잡한 단점이 있다.

2) 동기전동기(Permanent Magnet Synchronous Motor)

동기전동기도 코일로 이루어진 고정자에서 회전 자기장을 형성하면 고정자 안쪽에 위치하고, 영구자석이 적용된 회전자가 이에 반응하여 동시에 회전하는 원리로 구동된다. 동기전동기의 계자는 영구자석이나 자화된 코일을 통해서 스스로 자계를 만든다는 점이 유도전동기와의 차이점이다.

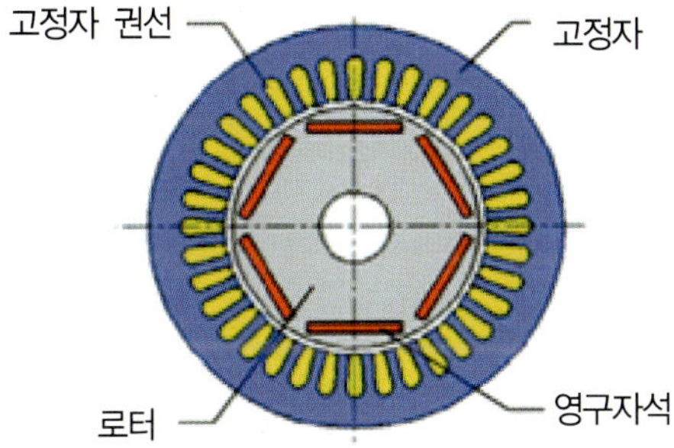

그림 19 | 동기전동기 구조

일반적으로는 영구자석을 사용한 전동기를 동기전동기로 표기하는 경우가 대부분으로 일정한 속도로 회전하며, 역률조정이 쉽기 때문에 컨베이어벨트용 전동기나 소형시계, 타이밍 전동기에 사용된다.

동기전동기는 전동기를 구동하는 고정자 회전자계와 회전자가 항상 함께 회전하며, 회전자의 자석은 코일이 회전자에 고정되었기 때문에 고정자 회전자계에 의해서 직접 밀고 당겨지면서 구동력을 얻는다.

최근 희토류 원소가 적용되는 영구자석으로 인해 재료비와 수급 측면이 불안정한 단점이 있지만 생산성이 높고 주행거리에 큰 영향을 주는 효율 측면에서 가장 뛰어나기 때문에 현재 전기자동차 시장에 보급된 전기자동차의 90% 이상에 적용되고 있다. 높은 생산성과 높은 효율이 장점이나 불안정한 재료비 및 부품 수급이 단점이다.

02 전기자동차 전동기(구동모터)

전기자동차에서 사용하는 구동모터로 직류전동기는 구조가 간단하고 토크도 높으나, 브러시가 마찰로 인해 1~2년 주기로 마모되어 자주 교체해야 하고, 소음과 안정성과 내구성의 문제로 전기자동차에서는 많이 사용되고 있지 않다.

교류전동기는 브러시가 없어서 주기적인 정비가 필요 없어 자동차의 수명보다 오래가는 내구성을 가지고 있으며, 직류전동기에 비해 발열 문제가 적은 것도 장점이다.

직류전동기는 전류에 비례해 토크나 엔진 회전수를 조절할 수 있기 때문에 제어 방식이 간단하다. 그러나 교류전동기는 직류에 비해 제어 방식은 복잡하지만, 제어기술로 정밀한 속도 제어는 직류보다 용이하다.

브러시리스 직류전동기는 제어가 쉽지 않고 고출력 전동기를 만들려면 가격도 높아지는 문제점이 있으나, 잠재력이 있는 전동기로 지속적으로 개발되고 있으며, 양산용 전기자동차에 적용 가능한 종류의 전동기도 나오고 있다.

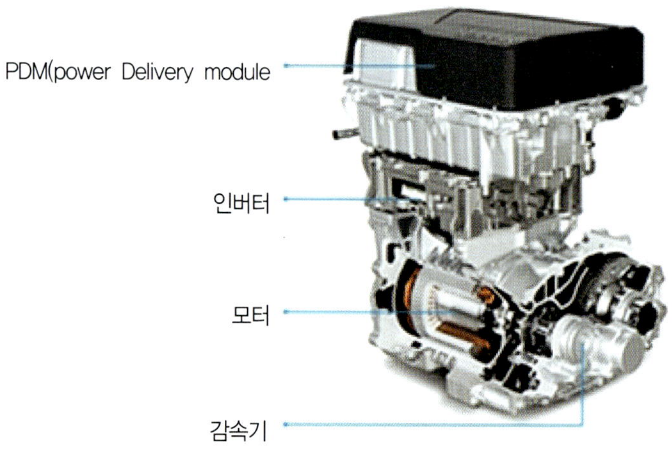

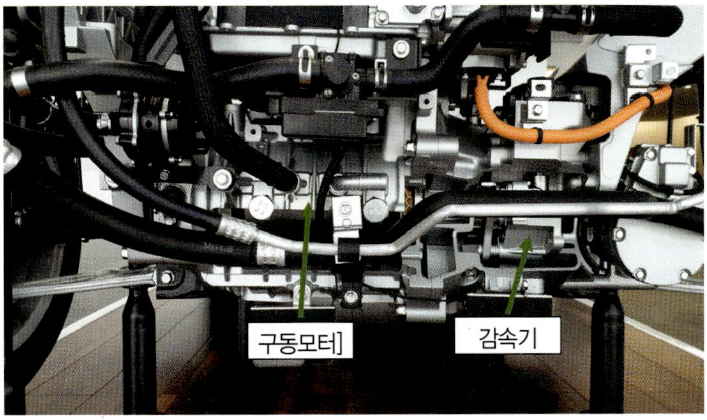

그림 20 | 전기자동차 구동전동기

03 전동기(구동모터) 구동 시스템

구동모터는 전기자동차에서 동력을 발생하는 장치로 가속, 등판, 고속운전에 필요한 동력을 발생한다. 전동기에서 발생한 동력은 회전자축과 연결되어 있는 감속기와 드라이브축을 통하여 구동바퀴에 전달된다. 감속 시에는 구동모터를 발전기로 전환하여 반대로 교류(AC)를 직류(DC)로 변환시켜 고전압 배터리를 충전시킨다.

인버터는 구동모터에게 동력을 전달하기 위하여 고전압 직류(DC)를 교류(AC)로 변환시킨다. 전기자동차는 자동변속기가 없으며, 구동모터의 냉각 방식은 전기모터로 냉각수를 순환시키는 EWP(Electric Water Pump) 수냉식이 많이 사용된다.

(1) 동력 전달

전기자동차에서 구동모터로부터 발생한 동력의 전달순서는 먼저 운전자가 가속 의지로 악셀 페달을 밟으면 고전압 배터리로부터 전기에너지가 전동기를 작동시키면 감속기를 통해 바퀴를 회전시키게 된다.

그림 21 | 동력전달

구동모터의 구동 시스템은 VCU(Vehicle Control Unit), MCU(Motor Control Unit), 인버터 등으로 구성된다.

1) VCU(Vehicle Control Unit)

VCU는 운전자 의지, 주행상황 및 배터리 상태에 따른 구동모터에 구동 명령을 하고, MCU는 인버터 제어를 위해 스위칭 소자를 고속으로 구동시키며, 인버터는 직류를 교류로 변환해서 구동모터를 구동시키는 역할을 한다.

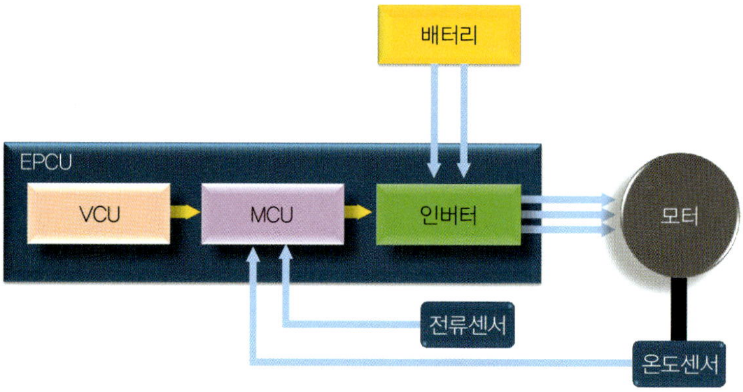

그림 22 | 전기자동차 구동모터 구동 시스템

2) MCU(Motor Control Unit)

액셀페달 조작량 및 속도를 검출해서 의도한 구동토크 변화를 가져올 수 있도록 차속이나 부하 등의 조건에 따라 모터의 토크 및 회전속도를 제어한다. 이를 위한 시스템은 제어기(MCU: Motor Control Unit)라고 부른다. 운전자의 오른발의 움직임에 따라 모터의 토크와 회전속도를 제어한다. 여기서 전원은 고전압 배터리이며, 일정 전압의 직류 전류를 얻을 수 있다.

직류모터라면 전류의 크기를 제어하기만 하면 되지만 교류모터일 경우에는 우선 교류로 변환하고, 다시 진폭이나 주파수/위상을 바꾸어서 자동차의 주행 상황을 맞춰야 할 필요가 있다.

가장 기본적인 직류모터의 제어 방식은 회로 안에 넣는 저항의 크기 변화로 인하여 전류의 값을 변화한다. 여기서 저항의 값을 서로 다른 경로를 복수로 준비하고, 순차 전환한다. 전류 크기는 단계적으로 변화하고 토크도 스텝 형태로 변화하게 된다.

교류모터의 경우 엑셀・스트로크에 대해 교류 전류의 진폭으로 자계강도와 토크를 동일하게 변화시키고, 교류 전류 주파수를 바꿔서 모터 회전속도를 제어한다. 이를 위하여 스위칭 소자를 1상으로 2개씩 준비해서 전류를 펄스 상태로 하고 조밀 방향을 변화시켜 교류를 만든다. 이것을 3조 사용하면 직류를 3상 교류로 전환, 진폭과 주파수를 제어할 수 있다. 즉, 인버터 기능이다.

MCU(Motor Control Unit)는 VCU와 통신하여 주행조건에 따라 구동전동기를 최적으로 제어한다. 고전압 배터리의 직류(DC)를 이용하여 구동전동기를 작동하기 위해 필요한 3상 교류(AC)로 전환한다. 또한 구동전동기에 공급하는 인버터 기능과 고전압 시스템 냉각을 하는 EWP(Electric Water Pump)를 제어하는 기능을 수행한다.

감속 및 제동 시에는 EPCU 내부의 전동기 제어기인 MCU가 인버터 대신 컨버터 (AC-DC Converter)의 역할을 수행하여, 전동기를 발전기로 전환시키며 이때 에너지 회수 기능을 담당하여 고전압 배터리를 충전시킨다.

시스템이 정상 상태로 작동하면 VCU에서 구동전동기로 토크 신호가 입력되면 MCU는 출력전압과 전류를 만들어 전동기를 구동시키면 MCU는 이때 전동기의 전류를 측정하여 토크를 계산하고 VCU로 송신한다.

3) 인버터

ECPU 내부의 인버터는 전동기의 속도와 토크를 제어하기 위한 장치로 게이트 보드, 파워 보드, 커패시터, 버스 바 등으로 구성된다.

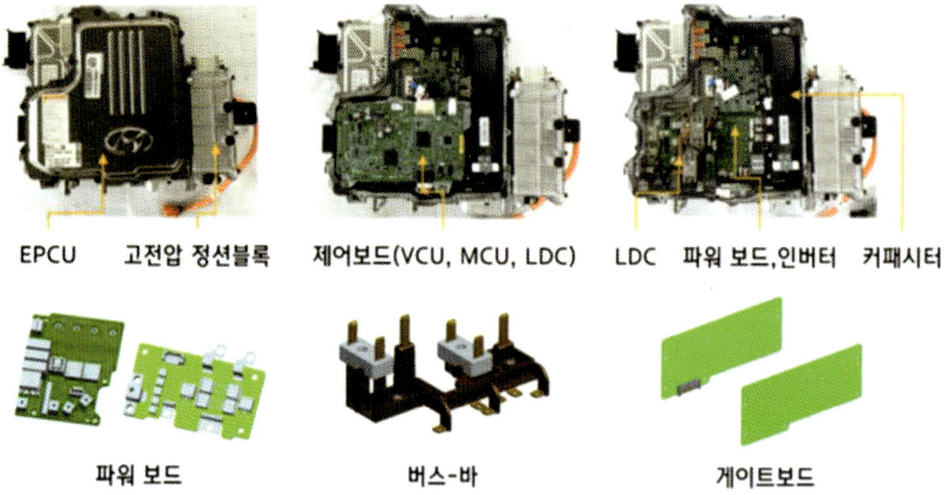

그림 23 | 전동기구동 시스템(MCU와 인버터)

파워 보드는 고전압 전원(교류/직류)을 공급 및 차단하는 기능을 하며, 전류센서는 충·방전 시 전동기에 인가되는 전류량을 검출한다.

제어 보드는 연산 기능을 수행하는 메인 제어기이며, 게이트 보드는 파워 모듈과 제어 보드를 이어주는 연결 보드이다. 커패시터는 고전압 전원을 평활하여 회로의 전류의 흐름을 안정화시키는 역할을 한다. 버스 바는 대용량의 전기가 흐르는 곳에 전기적인 연결을 가능하도록 하는 막대형의 전도체이다. 히트 싱크는 반도체에서 발생하는 열을 철판으로 흡수해서 공기 또는 냉각수를 이용해 냉각시키는 부품이다.

(2) 전기식 워터펌프(EWP: Electric Water Pump)

전기식 워터펌프(EWP)는 구동전동기, 인버터, LDC, 충전기 등의 전기자동차 시스템 내부로 냉각수를 순환시켜 전기장치들을 냉각시키는 장치이다.

개별 부품의 온도가 한계점을 넘으면 EWP 동작을 위해 MCU(Motor Control Unit)에서 EWP에 작동 신호를 보내고, 일정 온도 이하로 떨어지면 중지 신호를 보내 EWP 작동을 멈춘다. EWP는 MCU가 고장 여부를 판단할 수 있도록 CAN 신호로 정상 여부를 알려주게 된다.

인버터, OBC 등의 고전압 전력부품과 전동기 과열 방지를 위해 전동식 워터펌프가 적용되어 PE(Power Electronics) 부품들을 냉각시킨다. 난방은 히트펌프 시스템으로 고전압 전력부품의 폐열을 이용해 난방 작동시 보조 열원으로 사용한다.

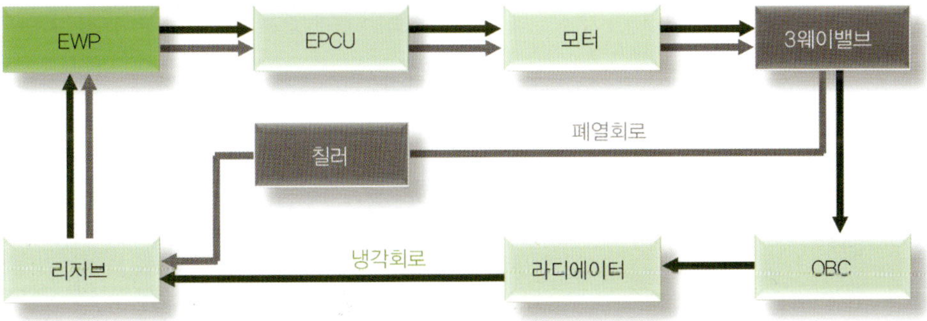

그림 24 | 전기식 워터펌프 작동회로

1) 구동모터 제어

전압과 주파수를 동시에 가변 제어 PWM(Power Width Modulation) 방식으로 구동모터의 속도와 토크를 제어한다. 구동모터 제어는 스위칭의 ON/OFF 시간 제어 펄스폭의 변화로 주파수를 제어하여 전동기 속도를 제어한다. 주파수가 커질수록 전동기 속도도 커진다.

On 구간을 작게 하고 OFF 구간을 길게 하면 평균전압은 낮아지고 평균전류가 낮아지며, 토크도 낮아진다. ON 구간을 길게 하고, OFF 구간 짧게 하면 평균전압이 높아지고, 평균전류도 높아지며, 토크도 높아진다.

(3) 감속기 역할

감속기는 구동모터의 회전을 바퀴에 효율적으로 전달하기 위한 장치이다. 구동모터의 회전수를 필요한 수준으로 감속해 더 높은 회전력(토크)을 얻을 수 있도록 조정하는 역할을 한다.

일반적인 전기자동차에는 내연기관의 변속기와 같은 다단 변속기가 아닌 1단 감속기를 사용하여 전동기에서 입력되는 동력을 자동차 차축으로 전달하여 속도는 감속시키고, 구동력은 증대시키며 변속충격이 없어 부드러운 운행이 가능하다.

감속기는 전동기의 고회전, 저토크의 신호를 입력받으면 적절한 감속비로 속도를 줄이고 그만큼 토크를 증대시키는 역할을 한다. 감속기 내부에는 파킹기어를 포함한 여러 개의 기어가 있으며 수동변속기 오일이 충진된다.

차동기어는 선회 시 좌우 바퀴 속도 차에 따른 회전수를 분배하고 전자식 파킹 엑츄에이터가 장착되어 있다.

(a) OFFset Type A (b) OFFset Type B (c) Inline Type

그림 25 | 전기자동차 감속기

전기자동차의 구동모터는 빠른 속도로 회전해서 힘이 없을 때, 회전속도를 줄이고 힘을 세게 해야 한다. 구동모터도 회전수가 고회전 영역으로 올라가면 필요 전류량이 높아지면서 효율이 급격하게 떨어진다. 그리고 모터의 회전수를 한없이 올릴 수 없어 결국 구동모터의 토크는 감소한다. 그래서 일반적인 전기자동차는 최고속도가 높지 않다.

전기자동차 구동모터는 회전을 시작하는 동시에 최대 토크가 출력할 수 있고, 고회전 영역에 일정한 토크를 발휘한다. 가속페달을 밟으면 인버터를 통해 전압과 주파수를 조절할 수 있어 부드러운 가속이 가능하다. 이런 과정에서 감속기는 모터의 토크를 더 끌어올려 효율적인 운행이 가능하도록 도와준다. 그러므로 감속기의 역할은 모터의 회전수를 줄여서 토크를 높여주는 것이다.

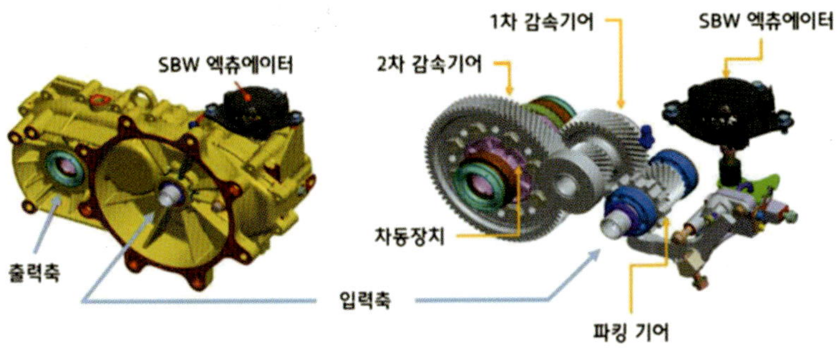

그림 26 | 감속기 구조

2 고전압 배터리

01 배터리의 종류(1차, 2차 전지)

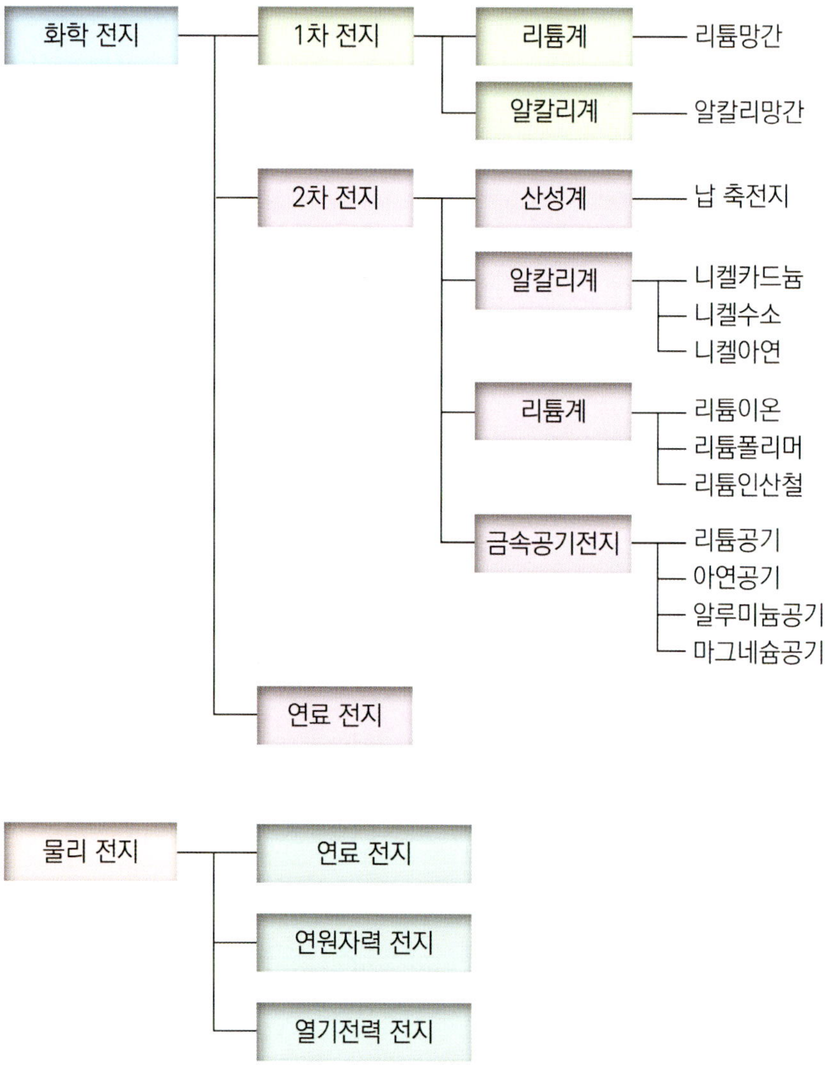

그림 27 | 배터리 종류

(1) 1차 전지

1차 전지는 전기화학반응이 비가역적이기 때문에 한 번 쓰고 버리는 일회용 배터리를 일컫는다. 망간배터리, 알칼라인 배터리가 대표적이다.

1차 전지는 양극과 음극 중 어느 한쪽 또는 양쪽 모두를 소진함으로써 수명을 다한다.

(2) 2차 전지

2차 전지는 1차 전지와 다르게 충전하여 다시 재사용할 수 있어 1차 전지에 비해 가격은 비싸지만, 재충전으로 여러 번 사용이 가능하므로 경제적일 수 있다. 2차 전지에는 리튬이온, 리튬폴리머, 니켈카드뮴배터리, 니켈수소배터리 등이 있다.

표 9 | 2차 배터리 개발 현황

년도	1900	1950	1990	미래
배터리 종류	납산 배터리	니켈계 배터리	리튬이온 배터리	차세대 배터리
수요	• 자동차 • 산업기기	• 휴대용전자기기 • 전동공구 • 하이브리드차	• 휴대폰 • 태블릿, 노트북 • 전기자동차	• 모바일기기 • 초소형전자기기 • 전기자동차
요구기능	기기의 상시 전원공급	전자기기에 이동성 부여	고용량, 경량화, 소형화	고안정성, 초소형, 플렉시블, 장기수명

2차 전지는 양극재, 음극재, 전해액, 분리막으로 구성되며, 양극재와 음극재는 배터리의 용량, 수명, 충전 속도를 결정하는 요소이다.

양극재는 배터리 용량과 출력 등을 결정하며 리튬이 가득 차 있으며 음극에서 방출한 전자를 받아 양극 활물질이 환원되는 전극이다. 양극 활물질로는 니켈(Ni), 망간(Mn), 코발트(Co), 알루미늄(Al) 등이 있다.

음극재는 충전할 때 리튬이온을 받아들이는데 흑연 등의 탄소 물질을 사용하며, 산화반응을 하며 도선에 전자를 방출하는 전극이다. 전해액은 양극과 음극의 화학반응이 원활하도록 리튬이온이 이동할 수 있게 해주는 매개체이며, 분리막은 양극과 음극의 접촉을 차단하는 격리막이다.

2차 전지는 형태에 따라 원통형, 각형, 파우치형이 있다. 원통형 2차전지는 둥근 형태라서 불용공간이 많아져 팩 단위의 에너지 밀도가 상대적으로 낮은 단점이 있다. 테슬라에서 주로 사용한다.

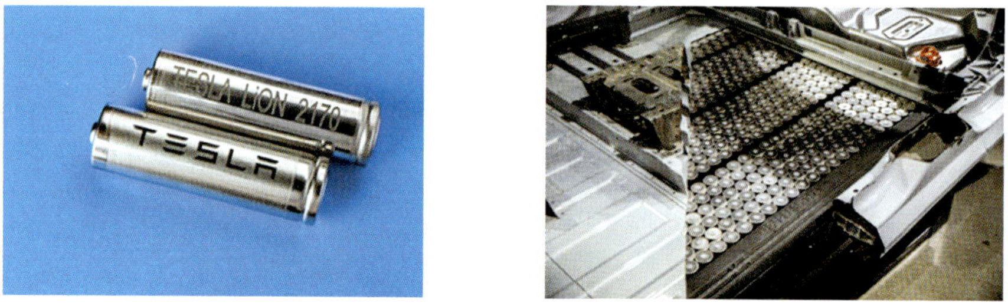

그림 28 | 원통형 2차 전지

각형은 외부 충격에 강하고 열 방출이 잘 되며, 내구성이 상대적으로 좋고 공정 단계도 적어 대량 생산에 유리하다. 그러나 각진 모양에 셀을 넣어야 해 공간 효율이 떨어지고 에너지 밀도도 나머지 두 유형보다 낮다. 독일 완성차 업체들이 주로 사용한다.

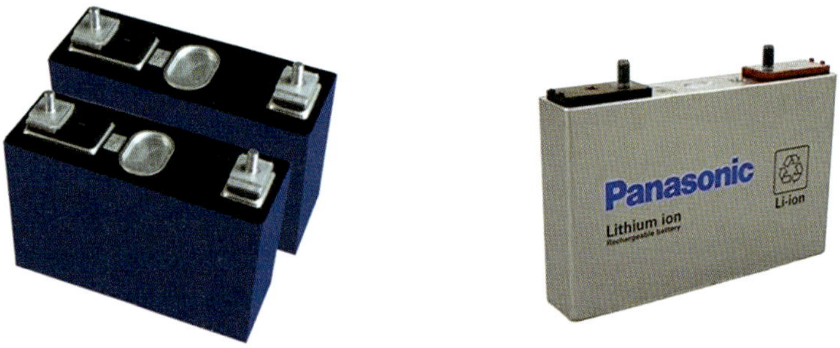

그림 29 | 각형 2차 전지

파우치형은 필름 소재로 구성되어 가공하기 쉽고 공간 효율이 높아 에너지 밀도를 높일 수 있지만, 외부 충격에 약하고 공정이 복잡해 생산 비용이 많이 든다. 국내 완성차 업체가 많이 사용한다.

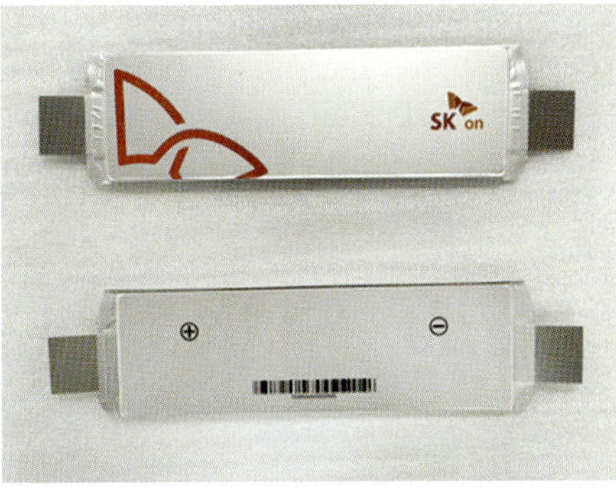

그림 30 | 파우치형 2차 전지

표 10 | 배터리의 종류

	원형	각형	폴리머
특징	• 주로 IT 용도로 활용 • 대용량 원형전지도 생산 • 자동차용으로 사용	• HEV, PHEV에 주로 사용 • 대용량 시 복수의 Jelly-Roll을 사용	• EV 등의 대용량 전지에 적합 • IT, HEV, ESS 등 광범위한 응용범위
장단점	• 고속 대량생산에 유리 • 취급 용이 • 디자인 유연성 없음 • 수명·안전성 취약 • 저가	• 패키징 용이 • 취급 용이 • 디자인 유연성 낮음 • 안전성 취약 • 많은 부품수	• 낮은 생산속도 • 취급 난이 • 디자인 유연성 • 높은 안정성 • 적은 부품수

1차 전지는 2차 전지에 비해 자기방전이 훨씬 느리게 일어나 장기간 에너지를 보존해야 하는 경우에 적합하다. 2차 전지(Secondary Cell)는 비축전지(Reserve Battery)이며, 배터리를 구성하는 양극, 음극, 전해질과 같은 구성 원소들을 분리해서 보관하고 있다가 배터리를 써야 할 때 즉시 결합하여 사용하는 방식으로, 수십 년 이상의 긴 시간 동안 에너지를 보존하기 위해 제작된다.

리튬배터리는 셀당 3.7V 전압이며 2.8~4.2V를 초과하거나 미만이 될 경우 배터리에 심각한 손상을 입히게 되며, 스웰링 현상, 폭발 현상이 일어날 수 있다.

에너지 밀도가 상대적으로 높기 때문에 적은 무게로 많은 용량의 배터리를 만들 수 있다. 자기방전률도 낮으며, 메모리 효과가 없어 사용하기 편리한 장점이 있으나, 다른 배터리에 비해 폭발률이 높으며 환경에 아주 민감하다는 단점이 있다.

니켈수소 배터리는 에너지 밀도가 2차 전지 중 최고로 높으며 과방전, 과충전에 잘 견디고 급속 충방전에 강하다. 또한 충·방전 사이클도 500회 이상으로 수명이 상당히 긴 장점이 있으나 비용이 비싼 단점이 있다.

니켈카드뮴 배터리의 장점은 고방전율, 저온, 과충전, 과방전 등 열악한 환경에도 견뎌 줄 수 있는 내구성이 좋으며, 내부 저항이 적으나 메모리 효과가 있어 관리가 힘들며 수명이 상대적으로 짧은 단점이 있다.

(3) 메모리 효과, 스웰링 현상

메모리 효과는 배터리의 용량이 남아있는 상태에서 충전을 하게 되면 남아있던 배터리의 용량을 사용하지 못하게 되는 현상을 말한다. 주로 니켈류 배터리에서 나타나는 증상으로, 예를 들면 30%가 남아 있는 배터리를 충전하여 사용하게 된다면 70%밖에 사용하지 못한다. 때문에 완전 방전 후 충전을 시켜야 배터리의 용량을 전부 사용할 수 있다.

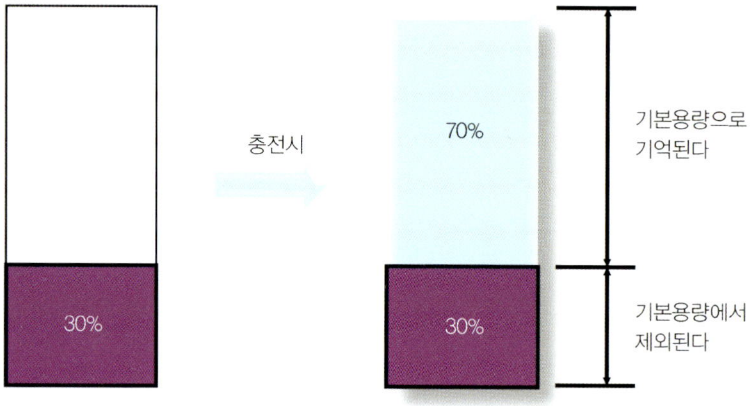

그림 31 | 메모리 효과

스웰링 현상은 배터리의 전해액이 산화하며 발생하는 가스로 인해 배터리 내부에 가스가 차는 현상으로, 배부름 증상이라고도 한다. 스웰링 현상이 일어나게 된다면 즉시 기기에서 떼어내어야 하며 폐기처분하는 것이 좋다.

02 전기자동차 배터리

표 11 | 배터리 종류별 특성

구분	리튬이온 (Li-Ion)	리튬이온 폴리머(LIPB)	납 (Lead Acid)	니켈 카드뮴(Ni-Cd)	니켈수소 (Ni-MH)
양극	리튬금속 산화물	리튬금속 산화물 등	이산화연	니켈계	옥시수산화 니켈
음극	탄소질	탄소질 등	납	카드뮴	MH(Metal Hydride)
전해질	유기질	유기질 등	황산	알칼리계	알칼리수용액
작동전압	3.6~3.8	3.6~3.8	2.1	1.2	1.2
에너지밀도	90~120	180~200	35	50~60	60~80
자기방전율	5	0.1	6	20~23	15~20
메모리효과	없음	없음	없음	있음	있음
안전성	보통	보통	좋음	좋음	좋음
환경오염	무	무	유	유	무
장점	고에너지 밀도 경량 적은 부피	리튬이온 장점 안전성 유연한 사이즈	신뢰성 저단가	고용량, 대전력 방전(납비해)	검증된 수명 안전성 저가
단점	안전성 고가	고가	낮은 에너지 밀도 고중량	환경문제, 메모리 효과, 낮은 에너지 밀도	급속 충전 힘듦 저온성능 낮음

(1) 리튬이온 배터리

2차 전지인 리튬이온 배터리는 리튬이온이 양극(+)과 음극(-) 사이를 이동하면서 화학 반응으로 전기를 발생시킨다. 양극의 리튬이온이 음극으로 이동하며 배터리가 충전되고, 음극의 리튬이온이 양극으로 돌아가며 에너지를 방전한다. 전해질은 양극과 음극 사이에서 리튬이온의 이동 통로 역할을 하며, 분리막은 양극과 음극이 서로 닿지 않게 해주는 역할을 한다.

리튬이온 배터리는 1991년에 소니가 상용화한 후 다수 업체가 대량 생산하고 있으며, 리튬이온 배터리와 리튬폴리머 배터리는 과충전과 과방전 때 급격한 온도 상승에 따른 폭발을 일으킬 수 있다.

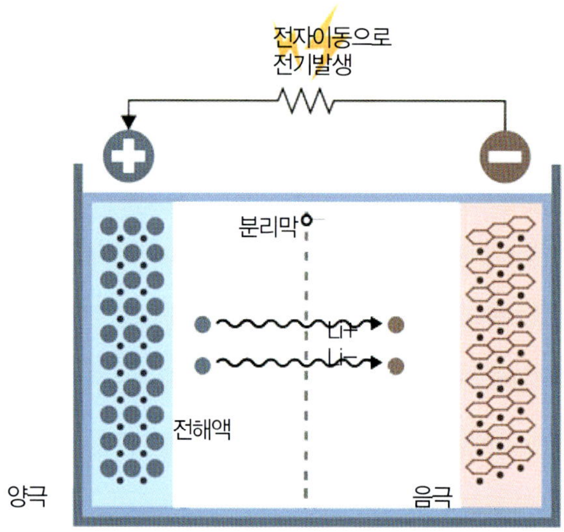

그림 32 | 리튬이온 배터리 작동원리

리튬이온 배터리는 타 2차 전지보다 에너지 밀도가 높아 동일 공간에 더 많은 에너지를 저장할 수 있으며, 심각한 성능 저하 없이 많은 주기의 충방전을 실시한다. 타 2차 전지들보다 더 빨리 충전할 수 있으며 상대적으로 가벼운 장점이 있다. 그러나 리튬이온 배터리는 과열 및 발화의 위험이 있어 안전상의 위험이 크며 제조비용이 비싸다. 또한 독성 화학물질이 포함되어 있어 폐기하기 어려울 수 있다.

리튬이온 배터리가 과충전되면 음극 쪽으로 부피가 팽창해 매우 불안정해지며, 전력 밀도가 매우 높고 대부분 전해액이 유기용제로 만들어지는 경우가 많아 내부에서 쇼트(단락)가 나거나 강한 외부 충격을 받거나 과열되면 폭발해 화재가 발생하고 순식간에 규모가 커질 위험성이 높다. 화재가 발생하면 인체에 치명적인 피해를 주는 불산 등이 생성되며, 리튬이온 배터리에서 불이 났을 때 물로 끄려 하면 더 큰 폭발이 발생할 수 있으니 주의해야 한다.

리튬이온 배터리는 0V 또는 가혹방전 상태에서 양극판에 덴드라이트가 성장하며, 못처럼 뾰족한 모양으로 음극판을 향해서 성장하여 양극판과 음극판 사이에서 절연층을 형성하고 있는 PE/PP 계열의 분리막을 손상시킨다. 덴드라이트 성장을 방지하여 안전성이 저해되는 것을 방지하기 위하여 배터리가 과방전되는 것을 주의하여야 한다.

(2) 리튬폴리머 배터리

리튬폴리머 배터리는 전해질로 고체 폴리머를 사용하며, 1970년대 이후 휴대전화나 노트북 등 소형 전자기기에 많이 사용하고 있다. 리튬이온폴리머 배터리(LIPB)로 불리고 리포(LiPo), 리폴리(Li-Poly), 리튬폴리(Lithium-Poly) 등으로 불린다.

리튬폴리머 배터리는 리튬이온 배터리에서 액체 전해질을 사용하여 발생하는 안전성 문제를 해결하기 위해 만들어진 배터리로, 작동원리는 리튬이온 배터리와 동일하며 젤 타입의 고분자가 양극과 음극 사이의 분리막을 구성하며 전해질의 역할까지 한다.

리튬폴리머 배터리는 이온전도도가 우수한 고체 전해질을 사용하여 액체 전해질을 사용하던 리튬이온 배터리의 단점인 누액 가능성과 폭발 위험성이 없다는 것이 가장 큰 장점이다.

전극의 소재와 이온의 종류가 실제 저장할 수 있는 전기에너지의 양을 결정하는 요소가 된다. 리튬이온은 자연계 금속 중 가장 가볍고 체적당 에너지 밀도가 높아 배터리 이온으로 사용된다. 또한 표준 환원전위가 가장 낮아 3V의 이상의 높은 기전력을 얻을 수 있어 배터리의 이온으로서 효과적으로 사용할 수 있다.

리튬폴리머 배터리는 고체 전해질을 사용하고 있어 형상을 다양하게 설계하는 것이 가능하며, 휴대기기의 면적 전체를 활용할 수 있다. 배터리는 에너지 밀도가 높아 타 2차 전지에 비해 적은 부피에 더 많은 에너지를 저장할 수 있다.

배터리에 사용되는 고분자 전해질은 다양한 디자인을 가능하게 하여 독특한 형태와 크기를 가진 제품에 사용하기에 적합하다. 고온 환경에서 성능을 유지하기 때문에 전기자동차에서 사용하는데 이상적인 장점이 있으나, 타 2차 전지 기술에 비해 제조비용이 비싸며, 다른 종류의 배터리에 비해 열 폭주 위험이 높아 극단적인 경우 폭발이나 화재로 이어질 수 있다. 다른 배터리에 비해 수명이 짧기 때문에 더 자주 교체해야 하는 단점이 있다.

(3) 리튬인산철 배터리

리튬인산철 배터리는 LFP($LiFePO_4$)을 사용하며 LFP(엘에프피) 배터리라고도 한다. 배터리의 구조는 양극에는 리튬인산철($LiFePO_4$)이 설치되며 알루미늄 호일로 배터리의 양극에 연결된다. 음극은 카본(흑연)으로 구성되며 구리 호일에 의해 배터리의 음극에 연결된다. 배터리의 상부 및 하부 단부 사이에는 배터리의 전해질이 있으며 배터리는 금속 케이스에 의해 밀폐된다.

리튬인산철 배터리는 가격이 비싼 코발트와 니켈을 사용하지 않고 정련이 덜 복잡한 탄산리튬(Li_2CO_3)을 소량 사용하여 리튬 배터리에 비해 저렴하다.

리튬인산철 배터리도 셀 파손이나 합선 등으로 과열이 일어날 수 있으나 400℃ 정도까지만 과열되어 타 리튬이온과 같이 1,000℃ 넘게 올라가는 열 폭주가 발생하지 않는다. 또한 리튬인산철은 산과 인의 결합이 강해 과열돼도 쉽게 분해되어 산소를 방출하지 않는다. 충·방전 수명도 길어 3,000회 이상 지나도 80%를 유지하며 폭발이나 화재의 위험성이 낮다. 에너지 밀도(부피당 에너지)가 리튬이온 배터리의 70~80% 정도로 많이 떨어지나 납산 배터리에 비교해서 에너지 밀도, 충전 속도, 수명 등 여러 성능면에서 월등하며 평균 전압이 3.4V로 낮다.

완전 충전이나 완전 방전 부근을 제외하곤 전압이 거의 일정하여 현재 배터리의 전압을 통해 배터리의 충전 상태를 나타내는 SOC(State Of Charge)를 측정하는데 전압 변화가 너무 완만하여, 실시간으로 사용 중에 전압을 측정해 충전 상태를 확인하는 것이 어려워 배터리 제어에 어려움이 있다.

에너지 밀도는 낮지만 비용이 저렴하므로 일반적으로 단거리 이동용으로 쓰이는 저가형 전기자동차나 전기버스 등 배터리를 탑재할 공간이 많은 대형 차량에 주로 사용되며, 1회 충전 주행거리 400km 이하의 차량에 적용 가능하다.

리튬인산철 배터리는 같은 용량의 납산 배터리에 비해 60% 이상 무게가 가볍고 자기용량의 90%까지 방전 후 재충전 반복횟수가 1,500회 이상으로 납산 배터리에 비해 3배 이상 수명이 길며, 1,500회 이상 충·방전 후에도 최초 성능용량의 80% 이상을 유지한다. 납산 배터리는 과충전이나 과방전 시 수소가스가 새어나오는 위험성이 있고, 고온이나 저온 환경에서 성능이 급격히 떨어진다.

리튬이온이나 리튬폴리머 배터리는 과충전이나 과방전 시 급격한 온도상승과 폭발현상이 발생할 수 있다. 그러나 리튬인산철 배터리는 과방전이나 과충전 시 폭발하지 않고 내부적으로만 손상되거나 강한 외부 충격이나 고온, 화재에도 폭발하거나 가스를 내뿜지 않는다. 납산 배터리에 비해 무게당 에너지 밀도가 2배 정도 높고, 리튬이온 배터리는 리튬인산철 배터리보다 에너지 밀도가 1.5배 더 높다.

동일 용량의 납산 배터리와 비교하면 납산 배터리는 완충 후 배터리 손상이 안가는 정도까지(12.0V까지) 방전 시 출력되는 에너지가 거의 두 배가량 많다. 또한 지속방전 특성과 순간방전능력 모두 납산 배터리보다 훨씬 뛰어나며, 정기적인 유지보수가 수명 주기 내에서 필요 없다.

대부분의 배터리(납 배터리, 니켈 배터리, 타 리튬 배터리)는 사용 중에 작동전압 강하가 심하게 나타나는데, 리튬인산철은 전압강하가 아주 완만하여 타 배터리 대비 가장 안정적인 작동성능을 나타내며, 납, 황산, 니켈, 카드뮴 등의 유해 독성물질이 전혀 없는 친환경 제품인 장점이 있다.

그러나 리튬인산철 배터리는 기전압이 기존 리튬코발트 배터리의 3.7V보다 0.3V 정도 낮은 3.4V다. 리튬이온이나 리튬폴리머 배터리보다 에너지 밀도가 낮고 리튬폴리머 배터리만큼 디자인 편의성이 떨어진다. 한국과 일본이 선점한 리튬이온 배터리에 비하면 무겁고 성능은 떨어지나 동급의 리튬이온 배터리 대비 약 30% 저렴해 우수한 가격 경쟁력을 보유하고 있다. 납산 배터리보다 에너지 용량당 가격이 비싸나 3배 긴 수명과 1.8배 실질 출력 전력량이 많다.

표 12 | 2차 전지의 종류 및 특성

구분	리튬이온	리튬폴리머	니켈수소
특징	• 전압 높음 • 폭발사고 위험성 높음 • 무게 가벼움 • 저온 방전 적음 • 2차 배터리 시장 보급률 높음	• 고체 전해질 사용으로 이온 전도도와 안전성 높음 • 유연성 높고 가벼워 다양한 설계 가능 • 폭발 위험성 없음 • 과충전, 과열, 찌그러짐은 파열, 화재 등 치명적 고장 초래	• 저렴한 가격 • 전압이 니켈카드뮴과 동일해 호환성 높음 • 급속 충·방전이 가능 • 저온 특성 우수 • 밀폐화가 가능하여 과충·방전에 강함 • 공해물질 거의 없음
용량	크다	크다	크다
자기방전	거의 없음	거의 없음	보통
메모리효과	없음	거의 없음	약간 있음
용도	전기자동차, 디지털카메라, 휴대전화, 노트북	드론, 핸드폰, 노트북, RC카	하이브리드 전기자동차 배터리, 건배터리, RC카

(4) 차세대 배터리

현재 전기자동차 배터리의 문제점을 개선하는 차세대 배터리가 전고체 배터리이다. 전고체 배터리는 리튬이온 배터리 기술에서 액체인 전해질을 고체로 바꿔 리튬이온 배터리의 문제점을 개선하는 기술이다. 전해질을 고체로 사용하여 전해질 유출로 인한 안전사고의 발생 위험이 줄어들며 분리막은 필요없다.

표 13 | 배터리 비교

구분	리튬이온 배터리	전고체 배터리
양극제	삼원계(NCM · NCA · NCMA) 등	삼원계(NCM · NCA · NCMA) 등
음극제	흑연, 실리콘	흑연, 실리콘, 리튬메탈
분리막	고체 필름	불필요
전해질	액체	고체(황화물, 산화물, 고분자)

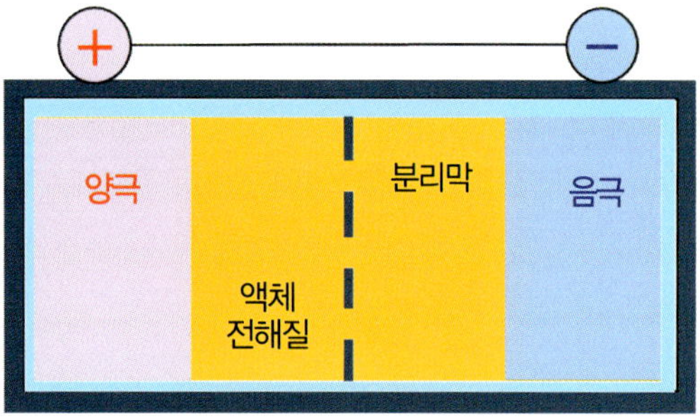

(a) 리튬이온 배터리

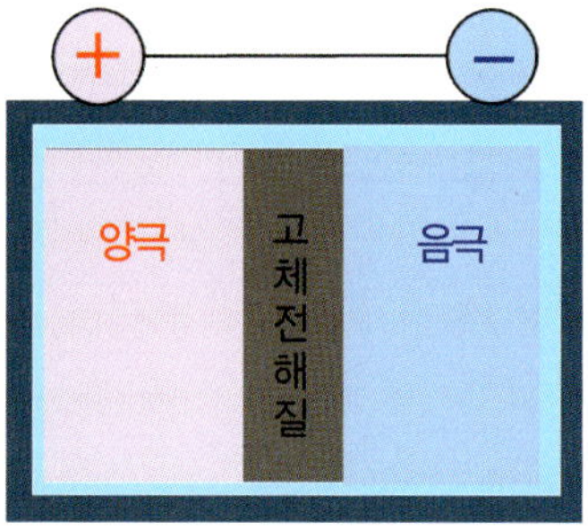

(b) 전고체 배터리

그림 33 | 리튬 이온/전고체 배터리 비교

전고체 배터리는 기존의 리튬이온 배터리에 비해 에너지 밀도가 높으며, 폭발이나 화재의 위험이 적어 안전성이 높다. 또한 부피가 작아져 배터리의 형태를 다양하게 할 수 있다. 또한 배터리 무게, 부피 감소로 차량의 에너지 효율성이 높아지게 된다. 전고체 배터리로 전기자동차 배터리로 사용할 경우 부품 수의 감소로 부피당 에너지 밀도를 높일 수 있다.

현재 상용화된 삼원계(NCM · NCA · NCMA), 리튬인산철(LFP) 배터리에 비해 가격이 비싸서 현재로서는 프리미엄급 전기자동차에 한해 탑재가 가능할 전망이다. 전고체 배터리 상용화를 위해서는 출력과 가격 경쟁력 등 기술 개발이 필요하다.

(5) 배터리의 용량과 수명

1) 배터리 용량

배터리 용량은 배터리가 방전되어 전류가 흐르지 않을 때까지 사용할 수 있는 전기에너지의 양으로, 단위는 kWh(킬로와트시), GWh(기가와트시) 등을 사용한다.

W(와트)는 1초 동안에 소비하는 전력에너지를 표시하는 단위로 1s(초)에 1J(줄)의 일을 하는 일률을 1W(와트)로 정의한다. 또 W(와트)는 주로 전력에너지를 표시할 때 사용하므로 1V(볼트)의 전압으로 1A(암페어)의 전류가 흐를 때 전력의 크기를 구할 수 있다.

Wh(와트시)는 시간당 사용 가능한 배터리의 양으로 배터리가 장착된 기기를 1시간 동안 동작시킬 수 있는 전력량을 의미한다.

2) 배터리 수명

전기자동차 배터리의 수명은 충전 횟수 외 충전 시 충전 정도, 제조사의 배터리 관리 시스템(BMS), 배터리 관리 등에 따라 달라질 수 있다. 충·방전 횟수가 최대 2,000회에 도달하면 폐배터리로 구분한다. 따라서 사용 가능 기간이 7~10년 정도이다.

자동차 회사마다 배터리의 유지 관리 및 운영과 관련된 배터리 관리 시스템(BMS: Battery Management System)이 모두 다르다. 같은 배터리와 전동기를 사용해도 BMS 차이에 따라 주행거리와 전비, 심지어 동력성능 차이까지 만들 수 있다.

배터리 수명 정보는 차량의 사용패턴과 온도 관리, 충전, 배터리의 화학적 성질 등 모든 정보를 BMS가 취합해 만든다. 그러므로 제조사에 따라 배터리의 수명에 차이가 발생할 수 있다.

(6) 배터리의 열관리

전기자동차에 사용하는 리튬이온 배터리는 양극재, 음극재, 분리막, 전해액으로 구성된다. 배터리는 충전 시 리튬이온을 양극에서 음극으로 보냈다가 방전 시 양극으로 다시 돌아오게 하는 방식으로 충·방전을 지속한다. 양극의 리튬이온이 중간의 전해액을 지나 음극으로 이동하면서 전기를 발생시킨다. 이때 이온이 잘 이동하도록 돕는 매개체가 액체 전해액이며, 분리막은 양극과 음극의 접촉을 차단하는 역할을 한다.

리튬이온 배터리의 성능 및 안전성은 작동 온도에 크게 좌우된다. 전기자동차의 내구성은 차량에 장착된 배터리 팩의 수명과 직결되므로 리튬이온 배터리의 열적 성능과 배터리 과열, 배터리 열 폭주 방지 등의 안전성을 보장하여 내구성을 최대한 확보하여야 한다.

기온이 급격히 낮아지면 고전압 배터리 액체 전해액의 일부가 굳어 리튬이온의 이동이 어려워져 배터리 효율이 떨어지면 전기자동차 주행거리가 감소한다. 전기자동차를 구동하거나 충전하는 과정에서 고전압 전기가 배터리에 과열을 일으키거나 외부 충격으로 배터리 손상이 발생하기도 한다. 두 경우 모두 배터리 온도가 급격히 상승하는데, 배터리 온도가 급격히 올라가면 셀에서 열 폭주 현상이 발생해 전기자동차 화재를 일으킬 위험이 있다.

그러므로 전기자동차는 배터리 팩 온도 변화의 조절이 필수적이며, 이를 배터리 열 관리 시스템이라 한다. 배터리 열 관리 시스템은 전기자동차에 탑재한 배터리 셀의 온도를 실시간으로 감지해 이상이 있으면 제어하는 방식으로, 배터리 온도 변화를 통제하며 전기자동차의 안전과 효율을 유지한다.

배터리 열 관리 시스템의 열 관리 방식은 크게 공랭식과 수냉식으로 구분한다. 공랭식 열 관리 방식은 외부 공기를 배터리 셀이나 방열판 핀 등에 흐르도록 유도해 온도를 조절한다. 하지만 외부 환경에 영향을 많이 받는 단점으로 상당수 전기자동차에는 수냉식 열 관리 방식의 배터리 열 관리 시스템이 설치된다. 수냉식은 셀 사이에 위치한 방열판에 냉각수 또는 온수를 닿게 해 배터리 온도를 일정하게 조절한다. 이 같은 배터리 열 관리 시스템은 배터리 팩 내에 탑재돼 전기자동차의 안전뿐만 아니라 성능 유지에도 필수적인 역할을 한다.

전기자동차의 주행가능 거리를 확대하기 위해 배터리 팩 밀도를 높이면 팩 내에 공기나 물이 닿지 않는 곳이 생기고 열을 발산할 공간이 줄어들어 배터리 온도 변화가 더욱 심해진다. 이때 열 관리 시스템은 배터리 주변 온도에 따라 배터리 팩에서 발생하는 열을 빠르게 냉각시키거나 열을 전달하며, 배터리를 일정한 온도로 유지시킨다.

03 고전압 배터리 시스템

(1) 고전압 배터리 구성

1) 배터리 관리 시스템(BMS)

배터리 관리 시스템(BMS)은 실시간으로 고전압 배터리의 전류, 전압, 온도 등을 센서로 측정하여 타 제어 시스템과 통신하며, 고전압 배터리가 최적의 성능을 유지할 수 있도록 동작 환경을 조성하도록 환경을 제어한다.

배터리 관리 시스템(BMS: Battery Management System)은 BMU(Battery Management Unit), 파워 릴레이 어셈블리(PRA: Power Relay Assembly)로 구성되며, 고전압 배터리의 SOC(State Of Charge), 출력, 배터리 셀 밸런싱(Cell Balancing), 시스템 냉각, 고장진단, 전원 공급 및 차단을 제어한다.

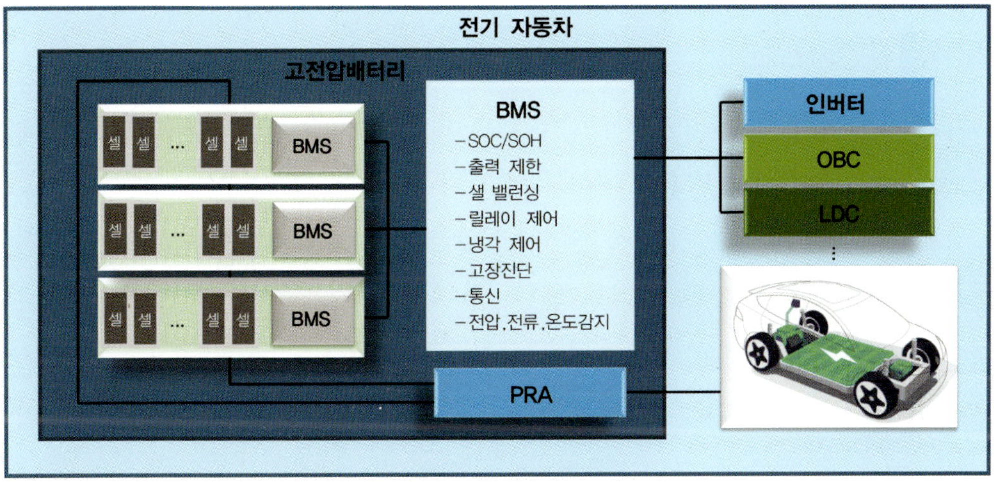

그림 34 | BMS 구성

배터리는 가장 작은 기본 단위인 셀(Cell)과 셀들을 일정한 개수로 모아둔 모듈(Module) 그리고 배터리의 최종 형태라 할 수 있는 팩(Pack)으로 구성된다.

배터리 관리 시스템(BMS)은 각 셀의 전류, 전압을 조화롭게 맞춰주는 역할을 한다. 셀 전압 밸런싱은 직렬 배터리 팩에서 배터리 셀의 공정 차이로 인해 발생하는 전압이나 에너지 분산을 보정하고, 개별 셀의 과충전 또는 과방전으로 인해 배터리 성능이 저하되거나 심지어 손상되는 것을 방지하는 기능이다. 모든 개별 배터리 전압 차이는 ±30mv

미만이어야 한다.

배터리 팩 보호 기능은 단일 배터리의 과전압, 저전압, 과열 경보, 배터리 팩 과충전, 과방전, 과전류 경보 보호와 차단을 통해 배터리 팩을 보호하는 기능이다.

데이터 수집 기능은 단일 셀 전압, 단일 셀 온도, 팩 단자 전압, 충전 및 방전 전류 등의 정보가 데이터로 수집되며, 배터리 내부 저항이 계산된다.

SOC(State Of Charge)/SOH(State Of Health) 진단 기능은 배터리 충방전 전류, 온도, 단일 셀 단자 전압, 배터리 모듈 전압, 계산된 배터리 내부 저항 및 기타 매개변수의 실시간 측정을 기반으로 단일 배터리의 현재 용량 또는 잔존 용량(SOC)을 진단하며, 진단모델을 분석하여 본체 배터리 건전성(SOH) 진단, 배터리 팩 상태 평가, 방전 당시 현재 상태에서 지속 가능한 방전 시간을 추정한다.

열 관리는 충전 과정에서 배터리 모듈은 많은 양의 열에너지를 발생하여 전체 배터리 모듈의 온도가 상승하는 것을 관리하는 기능이다.

2) 배터리 팩

일반적으로 전기자동차 배터리는 셀(Cell), 모듈(Module), 팩(Pack)으로 구성된다.

배터리 셀을 안전하고 효율적으로 관리하기 위해 모듈과 팩이라는 형태로 전기자동차에 탑재된다. 배터리 셀을 여러 개 묶어서 모듈을 만들고, 모듈을 여러 개 묶어서 팩을 만든다. 전기자동차에는 최종적으로 배터리가 하나의 팩 형태로 설치된다.

(a) 셀 (b) 모듈 (c) 팩

그림 35 | 배터리의 구성

배터리 셀(Cell)은 전기에너지 충방전을 통해 사용할 수 있는 배터리의 기본 단위로, 배터리의 양극, 음극, 분리막, 전해액을 케이스에 넣어 만든 구조이다. 셀은 제한된 공간에서 최대한의 성능을 발휘할 수 있도록 단위 부피당(혹은 무게당) 높은 용량을 가져야 하며, 이를 부피당(무게당) 에너지 밀도라고 한다.

배터리 모듈(Module)은 여러 개의 셀을 하나로 묶어놓은 것으로 하나의 셀만으로는 부족할 때 여러 개의 셀을 합쳐 적게는 12개에서 많게는 48개 이상까지 모듈로 만들며, 외부 충격과 열, 진동 등으로부터 셀을 보호하기 위해 역할을 한다.

셀의 상태는 BMS(Battery Management System)에 의해 셀의 전류, 전압 등의 정보를 감지해 배터리 셀을 효과적으로 관리한다.

배터리 팩은 배터리 셀을 안전하고 효율적으로 관리하기 위해 배터리 모듈을 묶어 케이스에 넣은 형태로, 배터리 모듈에는 냉각 시스템 등의 각종 제어장치 및 보호 시스템이 장착되어 있다.

안전 플러그는 배터리에 문제가 있을 경우 차단 시 좌우 모듈이 분리돼 고전압이 흐르지 않게 된다.

3) 고전압 배터리 회로

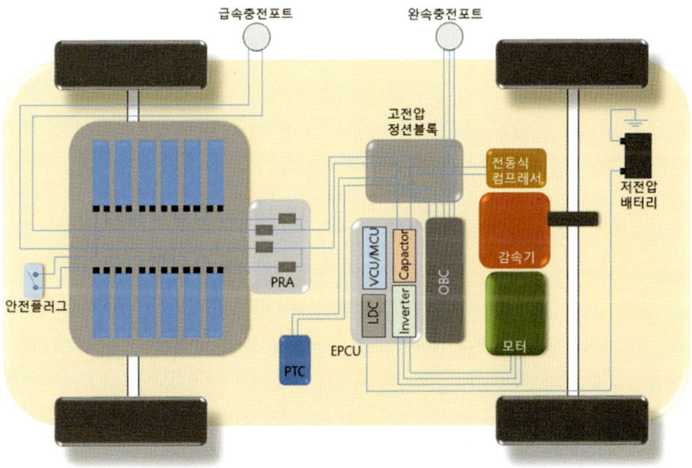

그림 36 | 고전압 배터리 시스템 구성

고전압 배터리 팩 중앙에는 급속 충전 케이블과 연결되는 버스 바(Bus Bar)가 지나가고, 이 버스 바는 파워 릴레이 어셈블리(PRA: Power Relay Assembly) 내부의 급속 충전 전용 릴레이와 연결된다.

고전압 배터리의 급속 충전 시 충전기에서 급속 충전 포트로 직류전압이 인가되면 전류는 배터리 내부의 버스 바를 통해 파워 릴레이 어셈블리(PRA)를 거쳐 고전압 배터리 셀 단자로 흐르게 되어 배터리는 충전된다.

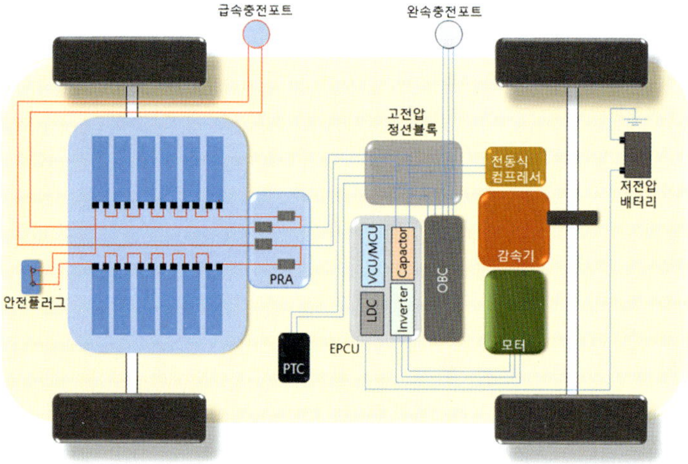

그림 37 | 급속 충전 시 고전압 회로

고전압 배터리의 완속 충전 시 완속 충전기에서 자동차의 완속 충전 포트를 통하여 교류 전류는 OBC(On Board Charger)를 거쳐 고전압 정션 블록을 거쳐, 파워 릴레이 어셈블리(PRA)를 거쳐, 고전압 배터리 셀 단자로 흐르게 되어 배터리는 충전된다.

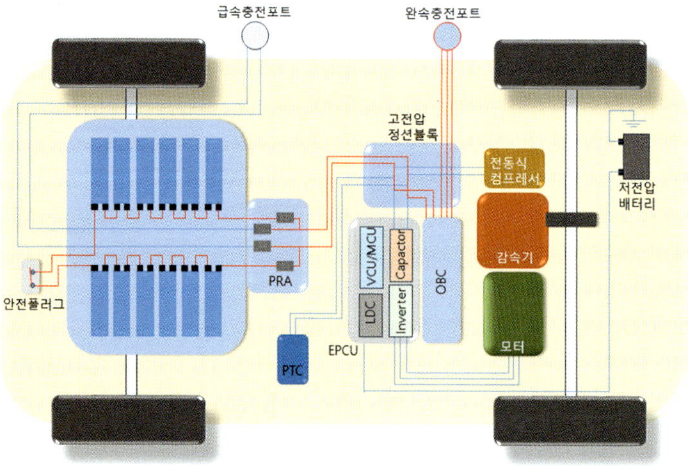

그림 38 | 완속 충전 시 고전압 회로

전기자동차가 일반 주행 시 고전압 배터리의 전류는 파워 릴레이 어셈블리(PRA)를 거쳐 고전압 정션 블록을 거친 후 EPCU(Electric Power Control Unit) 내의 인버터에서 배터리의 직류전원을 교류전원으로 변환하여 구동전동기, 전동식 컴프레셔, PTC 히터로 전원을 공급하여 전기자동차는 운행하게 된다.

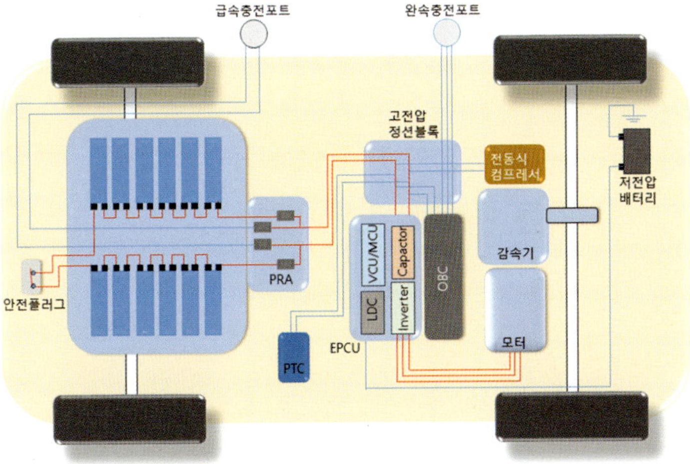

그림 39 | 일반 주행 시 고전압 회로

4) BMU(Battery Management Unit)

BMU는 배터리 시스템의 전압, 전류, 온도 및 충전 상태 같은 배터리 매개변수들을 지속적으로 모니터링하며, 냉각, 충전, 방전 제어 및 진단을 수행하는 유닛으로 배터리 팩 전체를 제어하고, 차량 내 다른 제어기 통신을 통하여 배터리 시스템의 상태를 공유한다.

CAN 통신을 통하여 배터리 SOC(State Of Charge)를 관리하며 메인 릴레이, 프리차지 릴레이, 급속 충전 릴레이 등과 냉각팬을 제어한다.

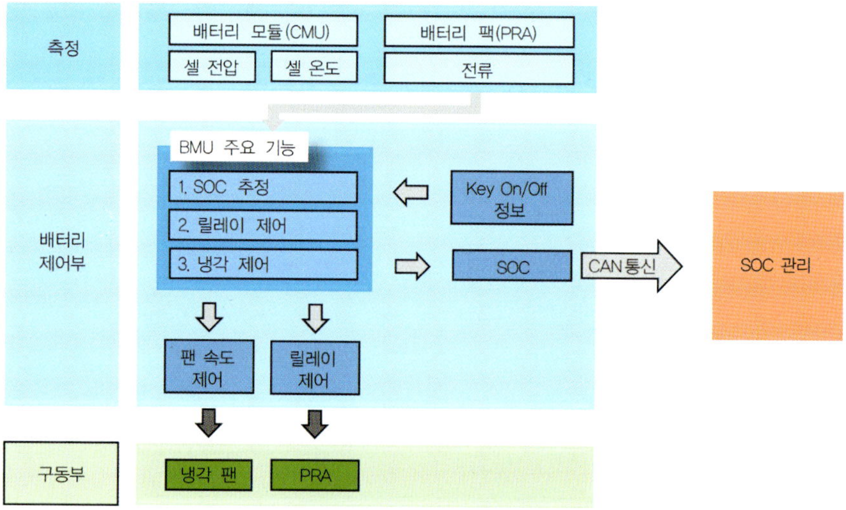

그림 40 | BMU 제어

표 14 | BMU(Battery Management Unit) 기능

기능	설명
SOC 추정	• SOC: 배터리의 사용 가능한 에너지(배터리 정격용량 대비 방전 가능한 전류량의 백분율) • 배터리 전압, 전류, 온도를 측정하여 배터리 SOC를 계산하고 차량제어기에 전송하여 적정 SOC 영역 관리 • SOC는 최소 2.5%~최대 95%로 유동성이 있으며, 이 범위를 벗어나면 안 된다.
파워 제한	• 배터리 보호를 위해 상황별 입/출력 에너지 제한값을 산출하여 차량제어기로 정보 제공 • 배터리 가용파워 예측, 배터리 과충전과 과방전 방지, 내구성 확보, 배터리 충전과 방전 에너지 극대화
진단	• 배터리 시스템 고장진단, 데이터 모니터링, 소프트웨어 Rewrite • Fail Safe Level을 분류하여 출력 제한치를 규정 • 차량측 제어 이상 및 배터리 열화에 의한 배터리의 안전사고를 방지하기 위해 릴레이를 제어
냉각 제어	• 최적의 배터리 동작 온도를 유지하기 위한 냉각팬을 이용하여 배터리 온도 유지 관리
고전압 릴레이	• 고전압 배터리단과 고전압을 사용하는 PE부품 전원 공급 및 전원 차단 • 고전압계 고장으로 인한 안전사고 방지

5) 셀 모니터링 유닛(CMU: Cell Monitering Unit)

셀 모니터링 유닛(CMU)은 고전압 배터리 모듈의 측면에 장착되어 있으며, 각 고전압 배터리 모듈의 온도, 전압, 화학적 상태(VOP: Voronoi-Dirichlet Partitioning)를 측정하여 BMU로 송신한다. 또한 각 셀 전압을 측정한 후 밸런싱이 필요한 경우 밸런싱 소자를 구동하여 BMU(Battery Management Unit)와의 모니터링을 통해 배터리 팩 전체의 셀 전압을 측정하고 조정한다.

셀 온도 측정은 모듈에 장착된 온도센서를 이용하여 배터리 온도를 측정한 후 BMU로 모니터링한다. 1개의 CMU(Cell Monitering Unit)에서는 10~12개의 셀을 관리한다.

그림 41 | CMU(Cell Monitering Unit)

6) 파워 릴레이 어셈블리(PRA: Power Relay Assembly)

파워 릴레이 어셈블리(PRA)는 고전압 배터리 어셈블리에 장착되어 있으며, 메인 릴레이, 프리차지 릴레이, 급속 충전 릴레이, 승온 히터 릴레이로 구성되며, 버스 바(Bus Bar)를 통해서 배터리 팩과 연결된다.

메인 릴레이는 고전압 배터리에서 공급되는 전원을 인버터에 공급 또는 차단한다. 프리차지 릴레이는 메인 릴레이 구동 전 먼저 구동되어 고전압 돌입전류에 의한 인버터 손상을 방지한다. (+)전원만을 릴레이를 통해 공급하며, 공급된 전원은 (-) 메인 릴레이를 통해 고전압 배터리로 접지한다. 급속 충전 릴레이는 급속 충전 케이블과 연결되어 급속 충전 시에만 릴레이 작동한다. 급속 충전 릴레이는 급속 충전 시에만 BMS(Battery Management System)에 의해 작동하며, 완속 충전 시에는 OBC(On Board Charger)에 의해 메인 릴레이가 작동된다. 급속 충전 시에 메인 릴레이도 작동한다.

승온히터 릴레이는 혹한기 충전 시 충전시간 단축을 위해 배터리 모듈 측면에 장착된

승온히터로 고전압 전원공급을 하며 주행 중에는 작동하지 않는다.

BMU(Battery Management Unit)의 제어 신호에 의해 고전압 배터리 팩과 고전압 조인트 박스 사이의 고전압을 ON, OFF 및 제어하는 역할을 한다.

배터리 충전율(SOC: State Of Charge)은 배터리의 사용 가능한 에너지를 표시한다.

SOC = 방전 가능한 전류량 ÷ 배터리 정격 용량 × 100%

그림 42 | PRA

메인 릴레이(Main Relay)는 파워 릴레이 어셈블리에 장착되어 있으며, 고전압 (+) 라인을 제어하는 메인 릴레이와 고전압 (-) 라인을 제어하는 메인 릴레이로 구성된다. BMU의 제어 신호에 의해 고전압 조인트 박스와 고전압 배터리 팩 간의 고전압 전원, 고전압 접지 라인을 연결하는 역할을 한다. 단, 고전압 배터리 셀이 과충전에 의해 부풀어 오르는 상황이 되면 고전압 보호 장치인 OPD(Overvoltage Protection Device)에 의해 메인 릴레이 (+, -), 프리차지 릴레이 코일 접지 라인을 차단함으로써 과충전 시엔 메인 릴레이 및 프리차지 릴레이의 작동을 금지시킨다. 고전압 배터리가 정상적인 상태일 경우 VPD(Voltage Protection Device)는 작동하지 않고 항상 연결되어 있다. OPD 장착 위치는 배터리 모듈 상단에 장착되어 있다.

프리차지 릴레이(Pre-Charge Relay)는 파워 릴레이 어셈블리에 장착되어 있으며, 인버터의 커패시터를 초기 충전할 때 고전압 배터리와 고전압 회로를 연결하는 기능을 한다. IG ON 상태에서 프리차지 릴레이와 레지스터를 통해 흐르는 전류가 인버터 내에 커패시터에 충전이 되고, 충전이 완료되면 프리차지 릴레이는 OFF된다.

급속 충전 릴레이 어셈블리(QRA)는 파워 릴레이 어셈블리 내에 장착되어 있으며, 고전압 제어 메인 릴레이(+, -)로 구성되어 있다. 그리고 BMU 제어 신호에 의해 고전압 배터리 팩과 고압 조인트 박스 사이에서 고전압을 ON, OFF 및 제어한다.

급속 충전 릴레이 어셈블리(QRA)가 작동할 경우 파워 릴레이 어셈블리(PRA)는 작동한다.

급속 충전 릴레이 어셈블리(QRA)는 급속 충전할 경우 공급되는 고전압을 배터리 팩에 공급하는 스위치 역할을 하며, 배터리가 과충전일 경우 과충전을 방지하는 기능을 한다.

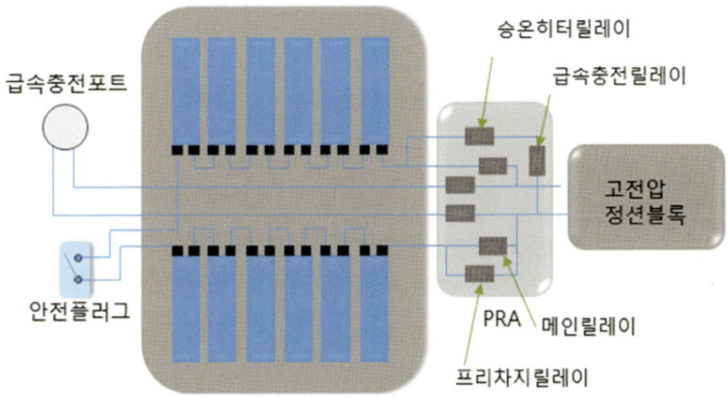

그림 43 | PRA 구동회로

배터리가 급속 충전을 할 경우 급속 충전 릴레이 어셈블리(QRA) 작동은 먼저 메인 릴레이 (-)가 ON이 되면 메인 릴레이 (+)가 ON이 되고 배터리 팩으로 고전압 충전이 되면 충전 완료되며 메인 릴레이 (-) (+) OFF의 순서로 작동된다.

고전압 배터리 히터 릴레이는 파워 릴레이 어셈블리(PRA) 내부에 장착되어 고전압 배터리에 히터 기능을 작동해야 하는 조건이 되면 제어 신호를 받은 히터 릴레이는 히터 내부에 고전압을 흐르게 함으로써 고전압 배터리의 온도가 조건에 맞추어서 정상적으로 작동할 수 있도록 작동된다.

배터리 전류센서는 파워 릴레이 어셈블리에 장착되어 있으며, 고전압 배터리의 충전과 방전 시 전류를 측정하는 역할을 한다. 메인 퓨즈(Main Fuse)는 안전 플러그 내에 장착되어 있으며, 고전압 배터리 및 고전압 회로를 과전류로부터 보호하는 기능을 한다.

프리차지 레지스터(Pre-Charge Resistor)는 파워 릴레이 어셈블리에 장착되어 있으며, 인버터의 커패시터를 초기 충전할 때 충전 전류를 제한하여 고전압 회로를 보호하는 기능을 한다.

프리차지 레지스터(Pre-Charge Resistor)의 작동은 먼저 키스위치 Start 시는 프리차지 릴레이가 ON이 되고 메인 릴레이 (-)가 ON이 되면 커페시터가 충전되고 메인 릴레이 (+)측이 ON되며 프리차지 릴레이 OFF가 된다.

키스위치 OFF시에는 메인 릴레이 (+,-)가 OFF가 된다.

7) 안전 플러그

안전 플러그는 수동으로 고전압 배터리 연결회로를 단선시켜 차량에 공급되는 전원을 차단하는 장치이다. 연결 부품으로는 고전압 배터리 팩, 파워 릴레이 어셈블리, 급속 충전 릴레이, BMU(Battery Management Unit), 구동전동기, EPCU(Electric Power Control Unit), 완속 충전기, 고전압 조인트 박스, 파워 케이블, 전기 전동기식 에어컨 컴프레셔 등이 있다.

고전압 배터리 모듈은 직렬로 연결되어 하나의 배터리 팩으로 구성되며, 안전 플러그는 탈거 시 고전압 배터리 내부 회로가 단선되어 안전하게 고전압 부품정비를 할 수 있게 된다.

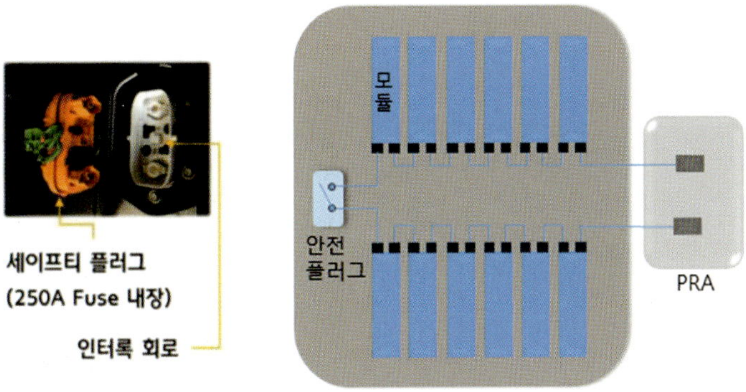

그림 44 | 안전 플러그

배터리 온도센서는 각 고전압 배터리 모듈에 장착되어 있으며, 각 배터리 모듈의 온도를 측정하여 CMU(Cell Monitering Unit)에 전달하는 역할을 한다.

인렛 온도센서는 고전압 배터리 1번 모듈 상단에 장착되어 있으며, 배터리 시스템 어셈블리 내부의 공기 온도를 감지하는 역할을 한다. 인렛 온도 센서값에 따라 쿨링팬의 작동 유무가 결정된다.

04 배터리 열 관리 시스템

(1) 냉각 시스템

배터리 냉각 시스템은 쿨링팬, 쿨링 덕트, 인렛 온도센서로 구성되며 최대 온도 유지와 배터리 온도 편차를 최소화시키기 위해 냉각 실내의 공기를 쿨링팬을 통하여 흡입한 후 고전압 배터리 팩 어셈블리를 냉각시키는 역할을 한다.

냉각 시스템의 온도는 각 모듈에 장착된 온도센서 신호를 바탕으로 BMU에 의해 계산되며, 고전압 배터리 시스템이 항상 정상 작동 온도를 유지할 수 있도록 제어한다. 또한 쿨링팬은 차량의 상태와 소음·진동 상태에 따라 다단으로 제어한다.

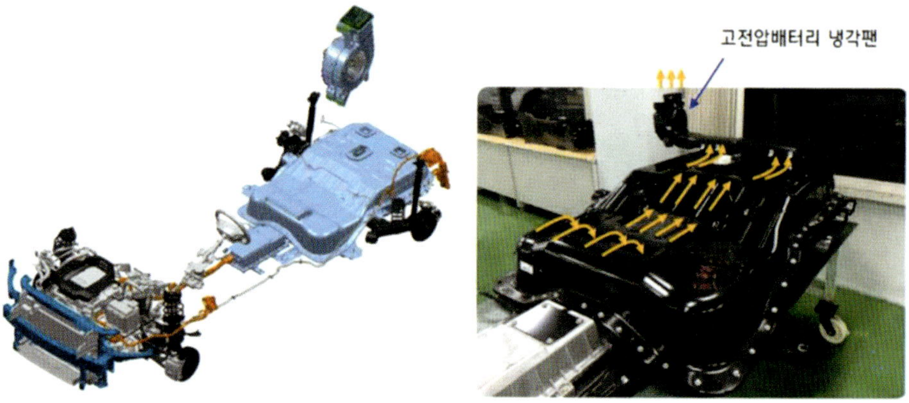

그림 45 | 냉각 시스템

냉각팬 구동으로 배터리 케이스 내부의 공기 흐름을 이용해 고전압 배터리를 냉각시킨다. 고전압 배터리는 팬 제어를 통해 평균 30℃ 이하를 유지하며, 배터리 팩 내부 공기 온도 30℃를 초과하면 냉각팬은 동작을 시작한다. 차속 연동으로 냉각팬이 구동된다.

고전압 배터리 냉각팬은 BMS(Battery Management System) 단독으로 제어한다. VCU(Vehicle Control Unit)에서 릴레이 신호를 수신한 후 배터리 온도가 상승할 경우 블로워 릴레이를 구동하고, PMW 신호를 통해 팬 속도를 제어한다. 피드백 라인을 통해 팬의 상태를 판단하여 고장진단을 수행한다.

도장 작업 시 70℃에서 30분(80℃에서 20분) 정도 방치가 가능하며, 장기간 노출 시 배터리의 퇴화가 진행될 수 있으므로 주의해야 한다.

(2) 배터리 가열 시스템

표 15 | 가열 시스템 작동조건

가열 히터 ON	가열 히터 OFF	
	완속 충전	급속 충전
-30℃	5℃	-5℃
-30 ~ 20℃ 미만	선형적 감소	
-20 ~ 0℃	0℃	

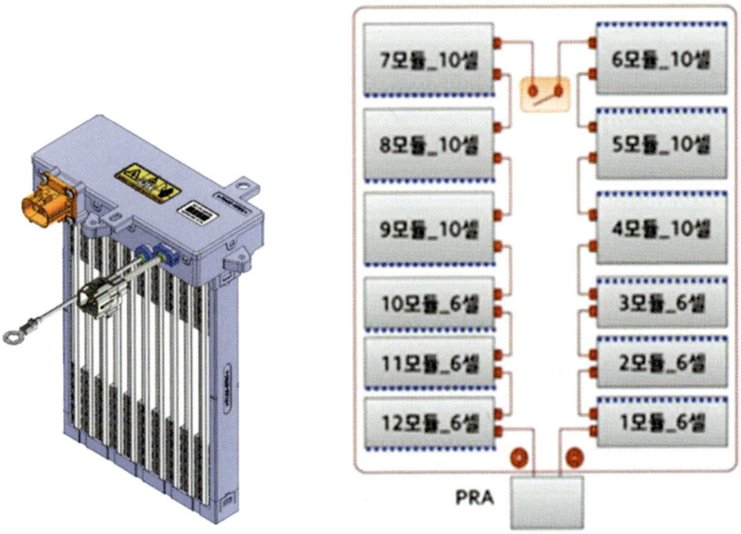

그림 46 | 가열 시스템

고전압 배터리는 온도에 따라서 충·방전 성능이 달라진다. 혹한기에서는 충전성능이 현저히 저하되기 때문에 배터리 내부의 온도 조건에 따라 모듈 측면에 장착된 고전압 배터리 히터가 자동제어된다.

고전압 배터리 히터 릴레이가 ON이 되면 각 고전압 배터리 히터에 고전압이 공급된다. 릴레이의 제어에는 BMU에 의해서 제어되어 점화 스위치가 OFF 되더라도 VCU(Vehicle Control Unit)는 고전압 배터리의 동결을 방지하기 위해 BMU를 정기적으로 작동시킨다.

고전압 배터리 히터 시스템은 혹한기 충전시간 단축을 위하여 저온 충전 및 예약 시 배터리를 가열하여 온도를 높여준다. 배터리 히터는 고전압을 이용한 PTC(Positive Temperature Coefficient) 히터로 충전 시 또는 공전 시에만 작동되며 주행 중에는 작동되지 않는다.

고전압 배터리의 온도가 정상이면 BMU는 다음 작동을 준비하게 되며, 그 시점은 VCU의 CAN 통신을 통해서 전달받는다.

고전압 배터리 히터가 작동하는 동안 고전압 배터리의 충전 상태가 낮아지면, BMU의 제어를 통해서 고전압 배터리 히터 시스템을 정지시킨다. 고전압 배터리의 온도가 낮더라도 고전압 배터리 충전상태가 낮은 상태에서는 히터 시스템은 작동하지 않는다.

05 충전 시스템

(1) 고전압 차단 릴레이(OPD : Overvoltage Protection Device)

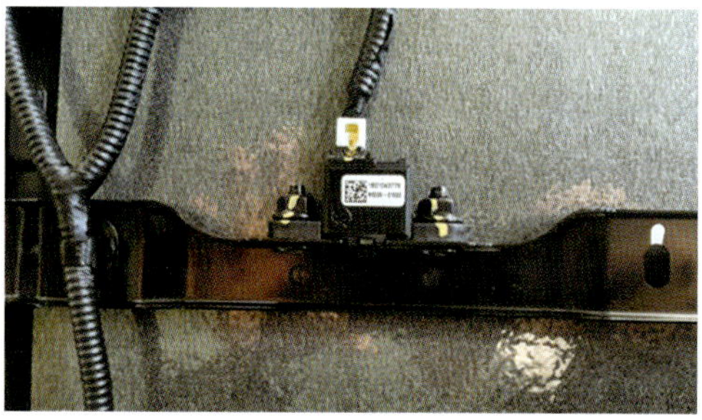

그림 47 | 고전압 차단 릴레이

고전압 차단 릴레이는 각 모듈 상단에 장착되어 있으며, 고전압 배터리 셀이 과충전에 의해 부풀어 오르는 현상을 감지하기 OPD에 의해 메인 릴레이 (+, -), 프리차지 릴레이 코일의 접지를 차단하여 과충전이 될 경우 메인 릴레이 및 프리차지 릴레이의 작동을 금지시킨다.

고전압 배터리가 정상일 경우에는 항상 스위치는 붙어 있으며, 셀이 과충전이 될 때 스위치는 차단되면서 차량은 주행이 불가능하다.

전기자동차에서는 OPD(Overvoltage Protection Device)라 하고, 하이브리드 전기자동차에서는 VPD(Voltage Protection Device)라고 하며, 과충전 보호 시스템이라고도 한다.

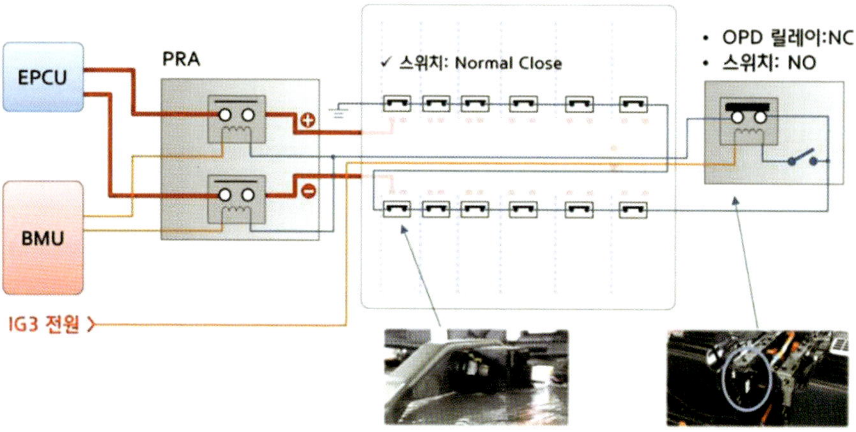

그림 48 | OPD회로 구성

고전압 차단 릴레이가 고전압 배터리 셀이 과충전 상태를 감지하는 방법은 배터리 팩이 부풀어 올라 스위치를 누르면 스위치 접점이 떨어져 메인 릴레이 코일 접지측 회로가 단선되면서 PRA(Power Relay Assembly)가 OFF된다.

내부의 스위치는 모두 직렬로 구성되어 이 중 하나라도 스위치의 접점이 떨어지면 메인 릴레이 코일 접지측 회로가 단선되어 PRA(Power Relay Assembly)는 OFF된다.

OPD(Overvoltage Protection Device) 릴레이는 배터리 팩이 위, 아래가 아닌 전후 방향으로 팽창하면 스위치가 눌려진다. 스위치가 눌려져 접점이 붙으면 릴레이 코일에 의해 OPD 릴레이가 Open되면서 결국 PRA 접지측 회로가 단선되고 PRA가 OFF가 된다.

06 인터락(Interlock) 회로

인터락은 특정 조건에서 시스템의 작동을 중단시키는 장치를 말한다. 전원이 공급되고 있는 상황에서 커넥터를 분리하는 경우 스파크가 발생할 수 있으므로, 커넥터 분리 이전에 신호를 감지하여 전원을 차단하고 조립한 후 전원을 흐르게 하는 안전장치이다.

전기자동차는 고전압을 이용하여 전동기를 작동시키므로 상대적으로 높은 전압의 커넥터가 설치되어, 높은 전압의 커넥터 단자들의 보호를 위하여 추가적인 안전장치가 필요하며, 컨트롤러, 배터리, 배선, 어댑터 등에는 인터락(Interlock)이 설치된다.

인터락 단자는 고전압 케이블의 체결상태를 확인하기 위해 각 제어기가 감지하며, 전압변화를 감지하고, 고전압 케이블 체결/해제 시 함께 체결된다. 주행 상태에서 인터락 회로가 단선 시 현재 주행 상태는 유지하나 정차 시 PRA(Power Relay Assembly)를 OFF시켜 고전압 차단한다. 정차 중 인터락 회로가 단선될 경우 즉시 PRA를 OFF하여 고전압 차단한다.

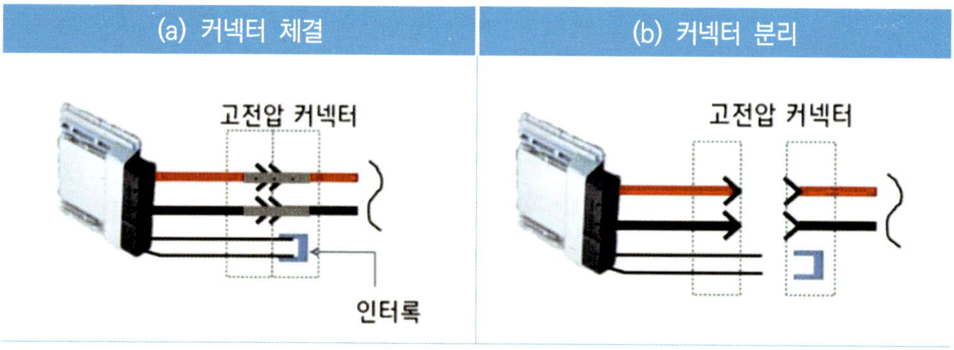

그림 49 | 인터락 회로

BMU는 인터락 단자에 12V 또는 5V Pull-Up 전원 및 접지를 인가한다. 커넥터가 체결되면 두 배선이 단락되어 0V가 되고, 제어기는 정상으로 커넥터가 체결되었다고 판단한다. 커넥터 탈거 시 Pull-Up 전원이 유지되므로 커넥터 미체결로 판단하여 인터락 커넥터를 체결하면 0V, 인터락 커넥터를 탈거할 경우 5~12V가 나온다.

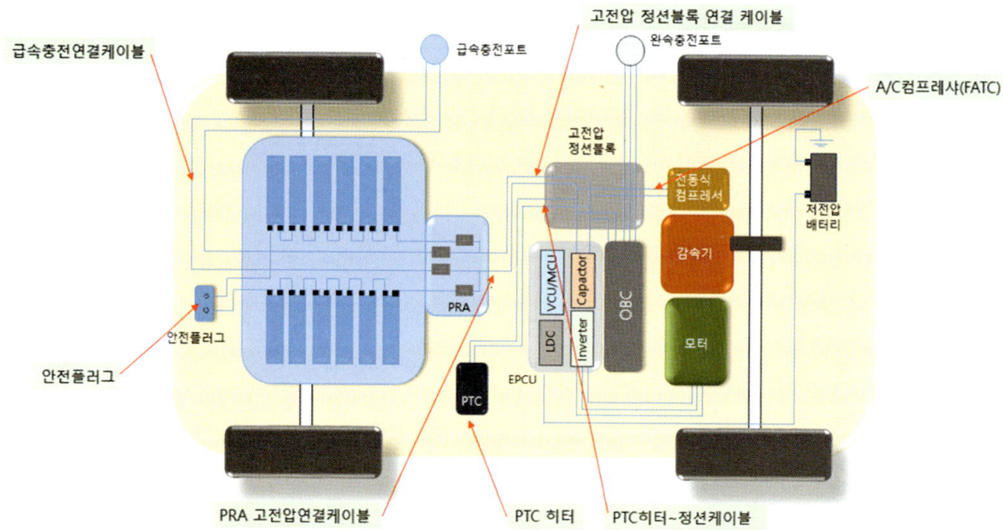

그림 50 | 인터락 회로

표 16 | 인터락 회로 부위별 감지 제어기

제어기	센싱 부위	비고
BMS (Battery Management System)	• 안전플러그 • PRA 고전압 연결 케이블 • 급속 충전 연결 케이블	
MCU (Motor Control Unit)	• 고전압 정션블록 DC 케이블 • 고전압 정션블록 PTC 히터	
FACT (Full Automatic Temperature Control)	• A/C 컬프레셔 • PTC 히터	

인터락의 설치는 차량 정비 시 고전압 커넥터를 탈거할 경우 실수로 고전압 계통을 차단하지 않은 경우 위험이 발생할 수 있다. 그래서 고전압 커넥터를 탈거할 때 인터락 회로의 신호에 의해 무조건 고전압 계통을 차단시켜 안전한 상태로 정비할 수 있게 된다. 또한 충돌, 추돌 사고로 인해 고전압 계통이 단락 및 단선이 되면 감전 및 화재로 이어질 수 있으므로, 사고로 인해 인터락 회로에 먼저 이상이 발생하면 고전압 계통을 차단시켜 사고 후 발생할 수 있는 감전 및 화재를 방지한다.

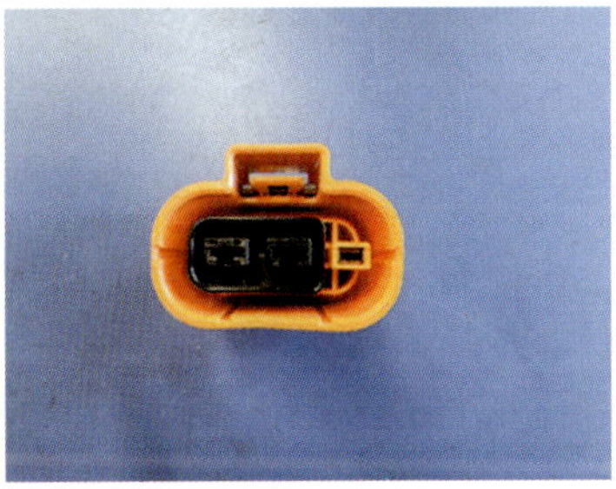

그림 51 | 인터락 신호배선

그림 51에서 왼쪽 커넥터 뒤에 가느다란 전선 2가닥이 케이블의 연결 유무를 확인할 수 있는 인터락 신호 라인이다.

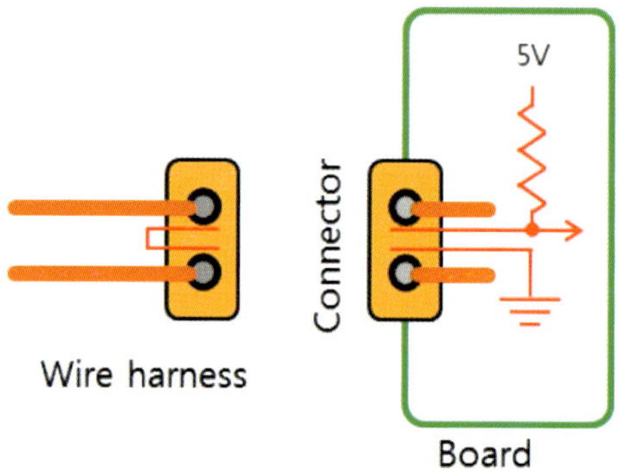

그림 52 | 인터락 회로

그림 52의 인터락 회로에서 주황색이 고전압 라인, 빨간색이 인터락 라인이다. 커넥터가 연결되지 않을 때는 보드 쪽에서 풀업 저항에 의해 5V가 감지되지만 와이어하네스 쪽의 인터락 라인이 연결되면 폐회로가 형성되면서 0V가 감지된다. 커넥터 접속 유무에 따라 전압이 변화하기 때문에 커넥터 체결 유무를 확인할 수 있다.

3 전력변화 시스템(EPCU: electric power control unit)

전기자동차의 전력변화 시스템은 모터의 제어와 함께 차량의 전반적인 움직임을 제어 컨트롤 하는 장치로, 기존 내연기관 차량의 ECU(Electronic Control Unit), TCU(Transmission Control Unit)들과 비슷한 기능들을 한다.

그림 53 | EPCU

전력변환 시스템(EPCU)은 배터리의 전원을 각 전장품이 요구하는 전원 형태로 변환 및 제어하는 장치들로, 입출력 전원의 형태에 따라 구동 전동기용 인버터, 저전압 강압용 DC-DC 컨버터와 승압용 DC-DC 컨버터, 탑재형 충전기가 포함된다. 전력변화 시스템에서 통합제어기는 VCU(Vehicle Control Unit)라고 하며, 내부는 제어 보드, 파워 보드, 캐패시터, 다양한 반도체 소자들로 구성된다.

ECPU(Electric Power Control Unit)는 통합제어 보드, VCU(Vehicle Control Unit), MCU(Motor Control Unit), LDC(Low Voltage DC-DC Converter) 제어 소자들로 구성된다. 파워 보드는 PCB 기판 및 반도체 소자로 구성된다.

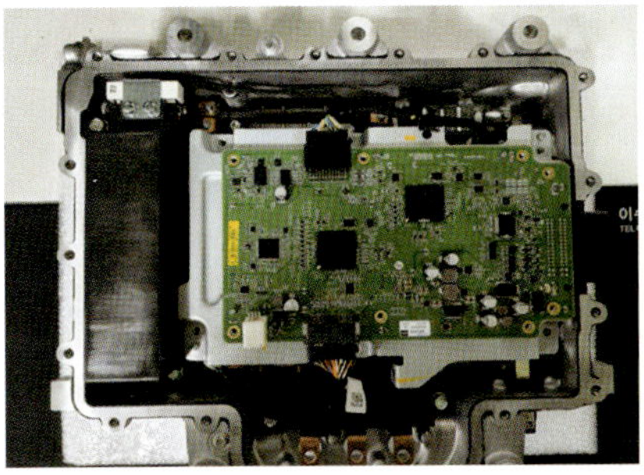

(a) EPCU

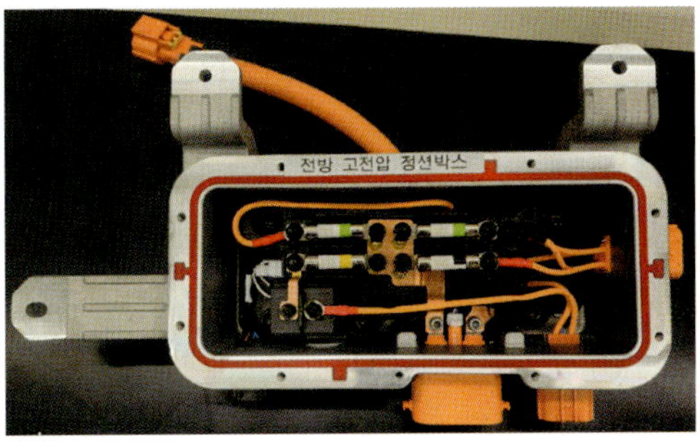

(b) 고전압 정션박스

그림 54 | 전력변화 시스템 구성품

인버터(Inverter)는 직류를 교류 형태로 변환 출력하는 전력변환 시스템으로, 전기자동차에서 배터리의 직류전원을 교류전동기가 요구하는 교류 형태의 전원으로 변환하여 공급함으로써 전동기가 작동되도록 하는 장치이다.

컨버터(Converter)는 교류를 직류 형태로 변환 출력하는 전력변환 시스템으로 직류 전원을 차량 내장품이 요구하는 직류 전원으로 변환하는 장치이다. 직류를 직류로 변환 형태를 지닌 컨버터를 DC-DC 컨버터라고 한다.

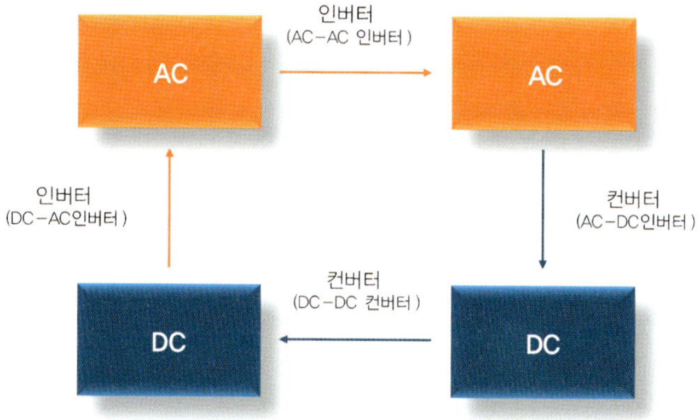

그림 55 | 전력변환 시스템의 분류

그림 56 | 전력변화 시스템(EPCU)

01 VCU(Vechicle Contril Unit)

VCU는 전기자동차 제어에 관련된 제어기와 일반 전장(스마트 키, BCM 등)에 관련된 제어로 차량 제어를 하는 데 있어 모든 부분을 제어한다. 구동모터 제어, 회생제동 제어, 공조 부하 제어, 전장부하 전원 공급 제어, 클러스터 표시, DTE(Distance To Empty), 예약/원격 충전/공조, 아날로그/디지털신호 처리 및 진단 등 차량을 운행하는 데 주요한 기능을 한다.

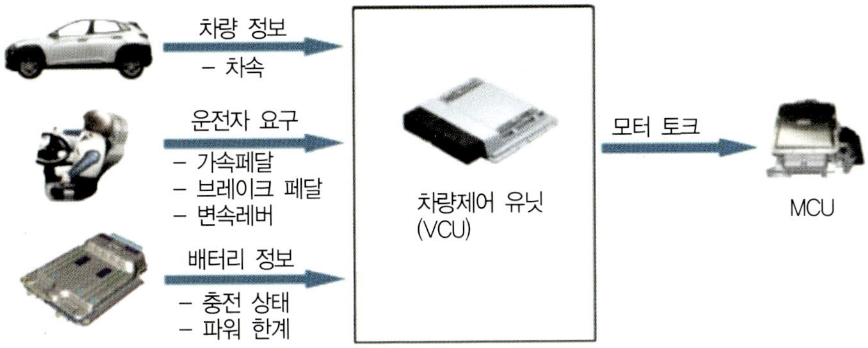

그림 57 | VCU 개요

VCU는 저전압을 사용하여 주로 편의 및 안전에 관련된 제어를 독립적으로 수행하며, 고전압을 사용하는 전기자동차 제어기는 효율적인 고전압 배터리의 분배가 필요하기 때문에 VCU의 통합제어에서 각자의 역할을 수행한다.

구동전동기, 공조(컴프레셔, PTC), LDC, 고전압 배터리, 제동 제어 등이 여기에 해당된다. VCU를 포함하는 EPCU(Electric Power Control Unit)는 구동전동기와 OBC 위에 장착되어 있으며, 내부 인버터의 온도 상승을 막기 위해 수냉식 냉각시스템이 적용되며, VCU/인버터(MCU)/LDC가 하나의 구조물 안에 구성되어 있다.

표 17 | VCU 주요 기능

주요 기능	역할
구동모터 제어	배터리 가용 파워, 모터 가용토크, 운전자 요구(APS, Brake SW, Shift Lever)를 고려한 모터 토크 지령 계산
회생제동 제어	회생제동을 위한 모터 충전토크 지령 계산, 회생제동 실행량 연산
공조 부하 제어	배터리 정보 및 차량 상태에 따른 LDC ON/OFF 및 동작모드 결정
전장 부하 전원 공급 제어	배터리 정보 및 차량 상태에 따른 LDC ON/OFF 및 동작모드 결정
클러스터 표시	구동파워, 에너지 Flow, ECO Level, Power Down, Shift Level Position, Service Lamp 및 Ready Lamp 점등 요청
DTE (Distance To Emjpty)	배터리 가용 에너지, 과거 주행 전비를 기반으로 차량의 주행가능 거리를 표시, AVN을 이용한 경로 설정 시 경로의 전비 추정을 통해 DTE 표시 정확도 향상
예약/원격/충전/공조	TMU와의 연동을 통해 Center/스마트폰을 통한 원격 제어, 운전자의 작동 시각 설정을 통한 예약기능 수행
아날로그/디지털신호 처리 및 진단	APS, 브레이크 스위치, 시프트 레버, 에어백 전개 신호처리 및 진단

02 인버터(Invertor)

인버터는 배터리의 직류 전원을 전기자동차용 전동기를 동작시키기 위한 교류 전원으로 변환하여 유도전동기를 제어하는 장치이다. 즉, 고전압 배터리로 받은 직류(DC) 전원(+, -)을 이용하여 3상 교류 전원(AC)으로 변환시킨 후 제어 보드에서 입력받은 신호로 3상 교류(AC) 전원을 제어함으로써 구동모터를 구동시킨다.

가속 시에는 고전압 배터리에서 구동모터로 에너지를 공급하고, 감속 시에는 구동모터에서 발생한 에너지를 다시 고전압 배터리에 충전함으로써(회생제동) 주행거리를 증대시킨다. 또한 인버터는 쿨링팬 및 전자식 워터펌프(EWP)를 제어한다.

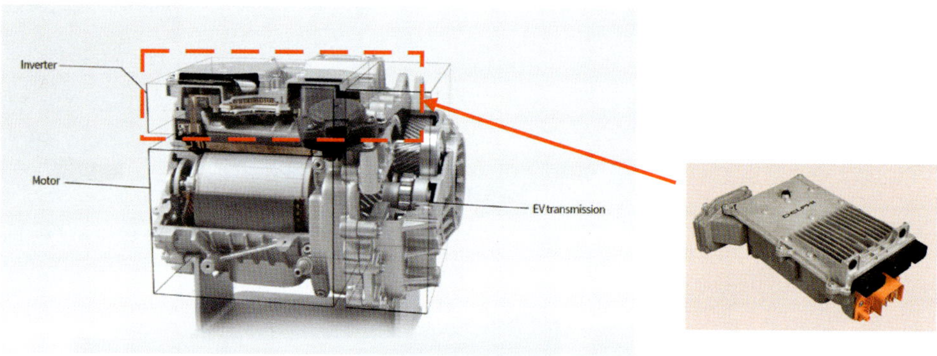

그림 58 | 인버터

인버터는 차량 제어 유닛(VCU : Vehicle Control Unit)의 모터 토크지령 계산을 위하여 모터 가용토크를 제공하고, VCU로부터 수신한 모터 토크지령을 구현하기 위하여 인버터 펄스폭 변조(PWM : Pulse Width Modulation) 신호를 생성한다. 이것은 초퍼 제어의 한 종류이며 회생제동에 관여한다.

교류모터의 경우는 직류전압을 교류전압으로 바꿔주며 전압을 조절해야 하므로 인버터(Inverter)가 필요하다. 직류전압을 손쉽게 조절하는 방법은 저항을 만들어주는 것이나 에너지 손실이 많아 보다 효율이 높은 반도체 소자가 개발되고 있다.

인버터는 전기자동차가 고전압 배터리의 제한된 전기에너지로 장거리 주행이 가능토록 전동기로의 전력전달 효율이 우수해야 하며, 발열 해소를 위한 방열구조가 필수적이다. 차량 내 한정된 공간을 고려한 소형, 경량화되어야 하며, 장착 및 정비성을 확보하며,

가혹조건에서 주행 시에도 신뢰성이 높아야 한다. 전기자동차용 전동기는 저속부터 고속까지 넓은 구간에서 운용되므로 전기자동차용 인버터는 빠르고 정밀한 제어 특성이 필요하다.

표 18 | 인버터 주요 기능

구분	항목	내용	주요 기능
제어 기능	토크 제어	회전자 자속의 위치에 따라 고정자의 전류의 크기와 방향을 독립적으로 제어하여 토크 발생	• 전류 제어 • 회전자 위치 및 속도검출
보호 기능	과온 제어	인버터 모터의 제한온도 초과 시 출력 제한	인버터 및 모터 온도에 따라 최대 출력 제한
	고장검출	• 외부 인터페이스 관련 문제점 • 검출 인버터 내부 고장 검출	• 인버터 외부연결 관리 고장 검출 • 성능 관련 고장 검출 • 인버터 하드웨어 고장 검출
협조 제어	차량운전 제어	차량에서 필요한 정보 타 제어기와 통신	• 요구 토크, 배터리 상태 EWP 등 정보수신 • 인버터 상태 정보수신

03 컨버터(Convertor)

인버터와 정반대로 교류를 직류로 변환시키는 장치로서 감속 시 교류전동기가 교류발전기로 변환되어 발전하는 회생제동력(Regenerative Braking Power)을 조정하는 역할을 담당한다.

전기자동차에 탑재된 고전압 배터리의 직류전압을 저전압 전장품에 적합한 전압으로 강압하는 강압형 저전압 DC-DC 컨버터를 LDC(Low Voltage DC-DC Converter)라고 한다. 또한 배터리보다 더 높은 전압으로 상승시켜 인버터에 공급하는 승압형 DC-DC 컨버터를 HDC(High Voltage DC-DC Converter)라고 한다.

(1) 저전압 직류 변환 장치(LDC: Low Voltage DC-DC Converter)

저전압 직류 변환 장치는 고전압 배터리의 전원체계와 저전압 배터리의 전원체계가 서로 안정적으로 운용되도록 고전압의 DC전압을 저전압의 DC전압으로 변환시키는 장치이다. 즉, 고전압 배터리의 전원을 저전압 배터리의 전력으로 이동시키는 장치이다.

표 19 | 내연기관 발전장치와 전기자동차 LDC 비교

구분	Alternator	LDC(Low Voltage DC-DC Converter)
입력	엔진(기계적 연결)	메인 배터리/회생(전기적 연결)
출력	12V 배터리/전장부하	←
용도	12V 배터리 충전 및 전장부하 전원공급	←
파워흐름	엔진 → 발전기 → 12V 부하	구동전동기/ 인버터 or 메인 배터리 → LDC → 12V 부하
특성	Idle stop: 12V 전원공급 불가 엔진부하 증가 및 효율 → 연비 불리	Idle stop: 12V 전원공급 가능 엔진에 관계없음 → 연비 유리

(2) 고전압 직류 변환 장치(HDC: High Voltage DC-DC Converter)

고전압 직류 변환 장치는 전동기의 출력 증대 및 효율을 위해 고전압 배터리의 직류전원을 승압하여 MCU(Motor Control Unit)로 전달하는 전력 변환 제어기이다.

낮은 전압을 가지는 배터리와 고전압 전동기를 구동하기 위하여 배터리와 전동기 구동용 인버터 사이에 고전압 직류 변환 장치(HDC)가 설치된다.

고전압 직류 변환 장치는 직류전압을 제어함과 동시에 배터리를 방전시켜 전동기로 전력을 전달하는 부스트 동작과 전동기에서 발생하는 회생에너지를 배터리로 공급이 가능하도록 양방향 전력 흐름을 제어하는 장치이다.

04 차량 탑재형 충전기 OBC(On-Board Charger)

전기자동차 충전은 크게 급속 충전과 완속 충전으로 구분되며, 전기자동차의 OBC는 완속 충전 시 외부 교류전원(AC)를 승압하고, 직류전원(DC)으로 변환하여 전기자동차 배터리를 충전시키는 역할을 한다.

그림 59 | OBC

전기자동차는 외부 에너지원으로부터 교류전력을 공급받아 차량의 고전압 배터리를 충전하기 위해 직류로 변환하여 배터리에 공급한다.

OBC는 전기충전소 또는 가정용 전원에서 공급되는 교류(AC) 전원을 이용하여 직류(DC)로 변환한 후 전기자동차의 고전압 배터리를 완속 충전하는 부품으로 일종의 컨버터이다.

표 20 | 컨버터 종류

종류	일반명칭	입력	출력
AC-DC 컨버터	제어정류기 or PWM 컨버터	AC(상용 전원)	DC
DC-AC 컨버터	인버터	DC	AC(가변 전압/주파수)
DC-DC 컨버터	직류 변환 장치	DC	DC(전압 승압/강압)
AC-AC 컨버터	교류전압 제어기	AC	AC(가변 전압/주파수)

OBC는 상용 전원인 교류(AC) 전압을 직류(DC) 전압으로 변환하여 고전압 배터리에 전력을 공급하는 장치이다. 충전 방식은 정전류 충전으로 시작하여 완전 충전 직전에 정전압 충전으로 바뀐다. 충전전압은 250~450V로 고전압 배터리 SOC(Stste Of Charge)에 따라 OBC에서 충전전압을 조절한다.

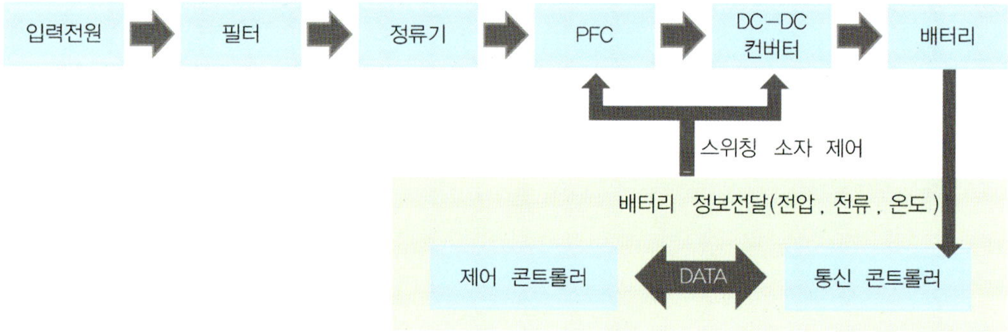

그림 60 | 충전 프로세스

OBC 충전 원리는 충전스탠드에서 220V를 OBC로 공급하면 OBC 내부의 필터와 정류기, PFC, 컨버터 등을 통해서 최종적으로 DC 250~450V로 충전이 된다.

충전 방식 종류는 정전류 충전, 정전압 충전이 있다. 정전류 충전은 전류를 고정시키고 전압을 변화시켜 가면서 충전하는 방식으로 배터리전압이 상승하기 때문에 충전전압 또한 그에 맞춰서 증가시켜야 한다. 충전 중에도 제어기에서는 BMS와의 통신을 통해 고전압 배터리 SOC 정보와 배터리 상태를 입력받는다.

정전압 충전은 정전류 충전과 반대로 전압을 고정시키고 전류를 가변해서 충전하는 방식이다. 전기자동차의 충전 방식은 급속 충전, 완속 충전, 회생제동이 있다.

급속 충전은 충전스탠드를 이용하여 고전압으로 배터리를 직접 충전하는 방식이다. DC전류를 DC로 배터리로 직접 충전하는 방식이며, 완속 충전은 충전스탠드를 이용하여 차량 내 OBC를 거쳐서 충전하는 방식으로 교류(AC) 전류를 직류(DC) 전류로 변환하여 충전한다.

회생제동은 감속 시에 발생하는 운동에너지를 이용하여 구동전동기를 발전기로 사용하여 배터리를 충전하는 방식이다.

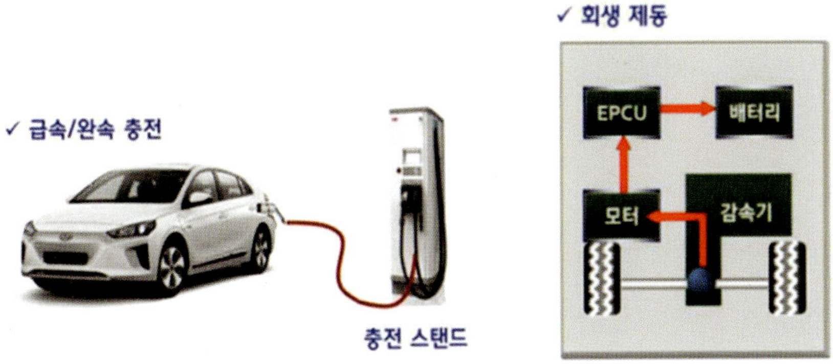

그림 61 | 충전 방법

(1) 급속 충전

외부 급속 충전 스탠드에서 직류(DC) 전류를 직접 공급하는 방식으로, PRA 내부에 있는 급속 충전 전용 릴레이가 작동하여 전원이 공급된다.

급속 충전 시 OBC는 관여하지 않으며 IG3 릴레이가 작동해 충전에 필요한 제어기가 작동한다. 급속 충전 시에는 90%까지만 충전을 허용한다.

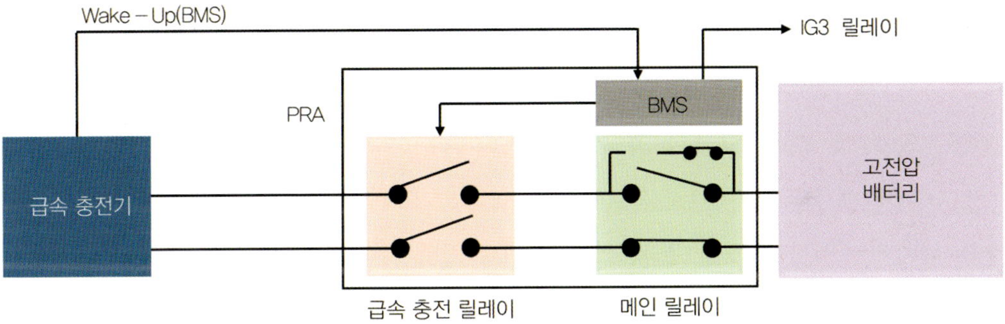

그림 62 | 급속 충전 회로 작동

급속 충전 시 전원공급은 충전기 내에서 BMS로 12V 전원을 인가하고, BMS는 PRA 내부의 급속 충전 전용 릴레이와 메인 릴레이를 시킨다.

BMS에서는 충전을 위해 IG3 릴레이를 ON하며 동시에 충전과 관련된 모든 제어기에 전원이 공급되고, 충전이 준비되면 급속 충전기에서 DC 450~500V, 200A로 충전을 시작한다. Wake Up 신호는 급속 충전기에서 BMS로 12V 신호가 출력될 때이다.

전원공급 경로는 급속 충전 스탠드에서 PRA(급속 충전 릴레이/메인 릴레이)를 거쳐 고전압 배터리의 순서로 이동된다.

(2) 완속 충전

완속 충전은 충전 스탠드에서 공급되는 220V 전원을 차량 내에 있는 OBC를 통해 차량의 고전압 배터리를 충전한다. IG3 릴레이가 작동해 충전에 필요한 제어기가 작동한다.

충전용량은 SOC 95%까지 충전이 가능하다. AVN(Audio, Video, Navigation) 상태는 100%로 표기된다.

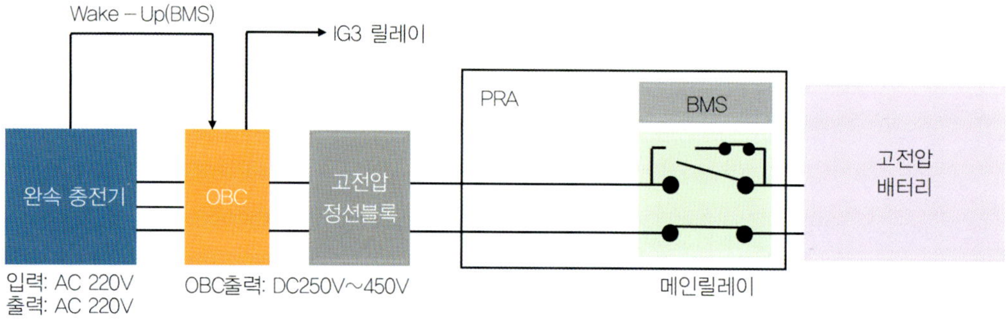

그림 63 | 완속 충전 회로 작동

완속 충전 시 전원공급은 충전기 내에서 12V 전원을 OBC로 인가해서 Wake Up을 하면 OBC에서 IG3 릴레이를 ON시킨다. 동시에 PE(Power Electronics) 부품이 작동대기 상태가 되고, OBC를 통해서 AC 220V 전원이 직류(DC)로 변환되어 배터리를 충전한다.

전원 공급경로는 완속 충전 스탠드에서 OBC를 거쳐 고전압 정션블록과 PRA(메인 릴레이)를 거친 후 고전압 배터리로 이동한다.

ICCB(In Cable Box)는 가정 충전이 가능한 포터블 충전 콘센트로서 급속/완속 충전기 대용으로 활용 가능한 이동식 콘센트이다. AC 220V 가정용 전원과 완속 충전 포트로 연결한다. 누설전류 및 과전류 점검 기능이 내장되어 있다.

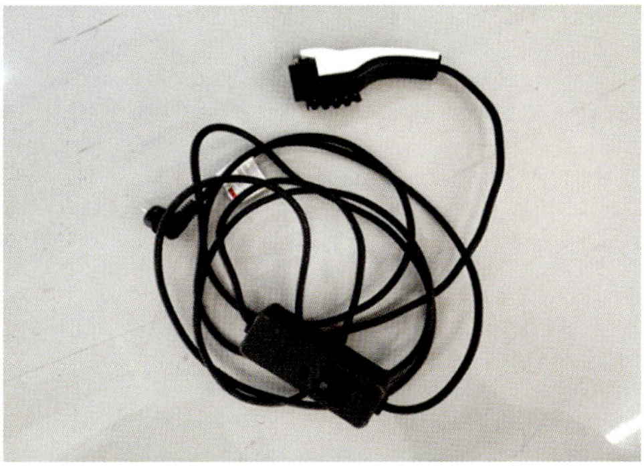

그림 64 | ICCB(In Cable Box)

(3) 회생제동(Regenerative Braking)

회생제동은 전기자동차에서 브레이크 페달을 밟을 때 모터는 발전기의 역할을 한다. 회생제동에 유압 마찰제동을 복합으로 사용한다.

기존 유압식 마찰제동은 자동차가 가지는 운동에너지를 마찰로 바꿔 공기에 방열하고 차속을 줄이는 장치이다. 모터에 공급하던 전류를 차단하면 도로를 달리던 자동차의 바퀴가 모터를 돌리게 된다. 이때 자동차의 관성에 의해 돌아가는 모터에서는 전류가 발생한다. 전동기를 발전기로 만들어서 운동에너지를 전기에너지로 변환해서 전력을 회수해 제동력을 발휘하는 제동방법이다.

내연기관의 엔진에서 발생한 에너지는 차체를 움직이는데 사용되는 것은 연료에 포함된 총 에너지의 약 16%밖에 안 된다. 나머지 에너지는 엔진열과 마찰열로 사라지고 다른 부속장치(펌프류, 발전기) 등을 구동시키는데 사용된다.

전기자동차의 에너지 소비를 줄여 주는 데 있어 매우 중요한 역할을 하는 것이 회생제동이다. 전기자동차에 사용되는 모터는 발전기와 구조가 같아 전류를 흘리면 회전하고, 반대로 밖에서 힘을 걸어 회전시키면 발전기가 된다. 차를 감속시키거나 제동을 할 때 그 힘으로 모터를 회전, 전기를 발전시켜 축전지로 보내는 장치를 만들면 전기소모량을 많이 줄일 수 있다.

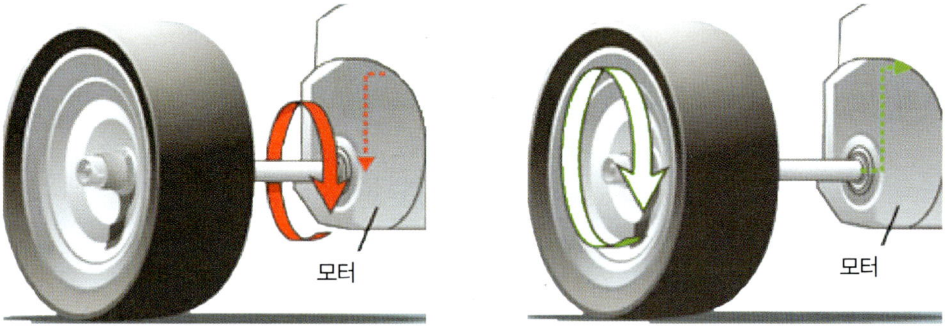

(a) 가속 (b) 제동

그림 65 | 회생제동

회생제동은 자동차의 운동에너지가 발전기(바퀴의 회전축)를 구동해 발생한 역기전력을 배터리로 회수하고, 제동을 수행하는 제동기술이다. 발전기를 돌리려면 회전력이 필요한데 필요한 회전력은 버려지는 제동력(감속하는 바퀴 회전축)을 이용한다. 이때 운동에너지를 전기에너지를 변환해 이를 2차 전지에 저장 후 발진, 가속, 등판 시에 모터를 구동하며 에너지를 재이용하기 때문에 하이브리드의 전체 연비 개선량의 35%에 달한다. 즉, 가장 큰 장점은 배터리 SOC(State Of Charge)의 증가로 가속, 감속을 반복하는 도심 주행모드에서 연비효율을 높일 수 있다. 또 회생제동으로 유압마찰 제동량을 줄일 수 있어 브레이크 디스크 로터 및 브레이크 패드 등의 수명이 연장된다. 그러나 회생제동으로 제동토크가 발생함에 따라 운전자는 기존 유압 마찰제동과 다른 이질감을 느낀다. 기계식 유압 마찰제동 장치에서는 운전자의 페달 조작량에 대응하는 만큼 유압 제동력이 발생한다.

FF 방식 전기자동차 제동 시 먼저 회생제동으로 인한 제동토크가 걸리고 일정한 조건을 만족하면 기계식 유압제동으로 전환 · 작용한다. 전기자동차는 유압제동과 제동회생을 적절히 배분해 회생 제동력을 최대화하고 유압제동을 최소화해 에너지 효율을 극대화하는 것이다.

회생제동의 추가로 전체 제동력이 불필요하게 증가해 운전자의 의도와는 달리 급격히 감속력을 유발시켜 편안하고 안락한 제동을 할 수 없게 된다. 다시 말해 전기자동차는 운전자가 밟은 브레이크 페달량에 따라 회생제동을 제외한 기계식 유압 제동량의 크기가 달라진다는 것이다.

회생제동은 연비개선 효과가 매우 크며, 세기를 자유롭게 제어할 수 있다. 마찰재의 부담이 줄어들고 일종의 엔진 브레이크 효과를 얻을 수 있는 장점이 있다. 그러나 회생제동이 시작되는 시점에서 갑작스런 제동력으로 인해 운전자가 진동을 느끼기 쉬우며, 운전자가 밟는 발의 힘과 제동력 사이에는 회생제동력의 크기만큼 이질감이 생겨 운전자에게 혼란을 초래하기 쉽다는 점 등은 개선해야 하는 단점이 있다.

05 전기자동차 충전

(1) 차량 충전 접속형식에 의한 분류

전기자동차의 충전방법은 여러 방법으로 분류된다. 우선, 단자 접촉에 의해 전원측에서 전기자동차로 전류를 직접 유입하는 컨덕티브 방식과 변압기와 같이 전자유도에 의해 전기에너지를 전달하는 인덕티브 방식이 있다.

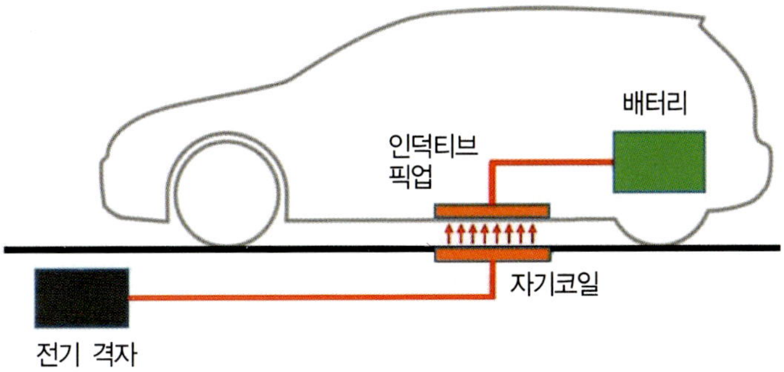

그림 66 | 인덕티브 충전 방식

인덕티브 방식은 콘센트에 플러그를 꽂는 대신 전자기 유도 방식을 사용한 비접촉 충전 방식이다.

충전기 쪽에 붙은 코일에 교류 전류가 흐르면 자동차 쪽에 붙은 코일에서 전류가 생성되는 원리를 응용한 것이다. 충전기에 해당하는 코일을 지정된 주차장 바닥에 깔아두면, 바닥에 코일을 붙인 자동차가 그 위에 주차하는 방식이다. 이는 과거 비접촉식 충전처럼 코일을 사용한 전자기 유도원리를 똑같이 응용하되, 기술 혁신을 통해 보다 먼 거리에서 두 코일 간 충전이 가능해지는 것이 관건이다.

과거 헤드라이트 사이에 집어넣는 방식일 때 자동차와 충전 플라스틱판과의 거리가 5cm 내외였다면, 무선충전일 때는 코일간 거리가 주차장 바닥에서 자동차 밑판에 이를 정도로 늘어나야 하기 때문이다.

(2) 충전시간에 의한 분류

충전시간의 장단에 의한 구분이 있다. 소전류로 장시간(8시간 정도)하는 보통 충전과 대전류로 단시간(30분 정도) 충전하는 급속 충전이 있으며, 이 중간시간으로 충전하는 경우에는 중속 충전이라고 한다. 충전전류를 크게 함으로써 충전시간이 단축되는데, 충전기 용량이 커져 무거워지고 비용도 높아진다. 또한 충전기의 부착장소나 이용 형태에 따라서도 분류된다.

일반적으로 전기자동차에 내장되거나 부착되거나 하는 차체 충전기, 차고 등에 두는 고정 충전기 및 공공주차장이나 주유소에 병설되는 공공이용 충전기로 분류된다.

전기자동차는 안전 확보를 위해 충전 중에는 주행할 수 없도록 오발진 방지기능을 갖고 있으므로, 충전용 배선이나 부품 일부는 주행 시의 전동기 제어회로와 공용이 가능하다. 최근의 전기자동차는 충전회로와 전동기 제어회로를 통합한 합리화가 도모되고 있다.

시스템은 조작 패널에서 보통 충전과 중속 충전의 모드 전환이 가능하고, 충전 컨트롤러에 의해 고전압 배터리의 보충 전 균등 충전이 자동적으로 제어된다. 또한 각종 제어신호를 상시 감시하여 이상이 있으면 경보램프를 점등함과 동시에 시스템 동작을 안전한 상태로 이행시킨다.

전기자동차의 충전은 자택 또는 본거지에서의 보통 충전이 기본이지만, 출장지에서의 주행거리를 연장시키기 위한 보충전도 필요하다. 이 에코 스테이션 충전설비는 야간의 잉여 전력을 전지에 저장해 두고 전기자동차에 30분간 급속 충전을 하는 것으로서, 전기자동차에 보내지는 충전에 관한 요구 신호에 따라 충전 제어가 행해진다.

전 세계적으로 전기자동차가 순차적으로 개발되면서 제조사별로 다른 충전 방식을 적용하여 국제표준(IEC)에는 5가지 급속 충전 방식이 규정되어 있다. 국내에서 사용하고 있는 급속 충전 방식은 DC 콤보 방식과 차데모(CHAdeMO), AC 3상 방식 등 세 가지로 나뉜다. DC 콤보 방식은 완속 충전용 교류 모듈에 급속 충전용 직류 모듈을 동시에 사용할 수 있는 방식으로, BMW i3나 쉐보레 스파크 EV가 채택하고 있는 방식이다. 이 방식을 사용하면 공간 활용도나 커넥터 통합 등의 이점이 있다.

차데모는 미국과 유럽이 아닌 일본 도쿄전력을 중심으로 닛산, 미쓰비시, 후지중공업, 토요타를 주축으로 개발된 충전 방식이다. 현재 토요타와 닛산, 미쓰비시가 차데모 충전 방식을 사용하고 있다.

표 21 | 전기자동차 충전 방식

구 분	차데모	DC 콤보	AC 3상
커넥터 형상			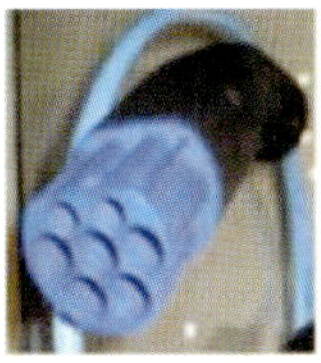
개발 시기 및 주체	10년 도쿄 전력	11년 10월 GM 등 독일, 미국의 7개 기업	12년 12월 르노
특징	• 완속 · 급속소켓이 구분 • 전파 간섭의 우려가 적음	• 충전구가 하나로 효율적 (완속 · 급속이 위아래로 위치) • 비상급속 충전이 가능 (15분 소요)	배터리와 전력망을 전기 교란으로부터 보호하는 기술(갈바닉) 적용
단점	• 충전기 부피가 큼 • 충전시간 다소 김(80% 충전하는데 30분 소요)	급속 충전시간에 비해 완속 충전시간이 김	• 충전기 출력을 20kW 이상 올리기 어려움 • 충전기 설치비용 높음

직류 방식만을 이용한 충전 방식으로 급속 충전을 목표로 개발됐기 때문에 교류충전은 별도의 커넥터 등이 필요하여 공간 활용성이 떨어진다는 단점이 있다.

AC 3상 방식은 프랑스 르노가 내세우고 있는 방식이다. 별도의 직류변환 어댑터가 필요 없다는 장점이 있다. 낮은 전력을 이용하기 때문에 효율이 높고, 직류 변환 장치가 필요 없어 다른 충전 방식에 비해 인프라 구축비용이 적고, DC 콤보와 마찬가지로 하나의 케이블로 급속 충전과 완속 충전이 가능하다는 장점이 있다. 이외에도 테슬라는 자체 충전 방식인 수퍼차저를 채택하고 있고, 중국은 차데모 방식을 변형한 자체 충전 방식을 채택했다.

2017년 말부터 국내 규격도 DC 콤보 1로 통일되어서 최근 대부분의 차종이 DC 콤보 방식이다(볼트 EV, 코나 일레트릭, 아이오닉 일렉트릭, 니로 EV, 쏘울 EV 등).

표 22 | 충전구 및 커넥터의 종류

구 분	종 류			통 일
전기자동차 충전구 (Inlet)				
	차데모	AC 3상	콤보 1	콤보 1
급속 충전기 커넥터 (Connector)		커넥터(Connector)		 

	멀티형 충전기	차데모+AC 3상+콤보 1		콤보 1

06 커패시터(Capacitor)

고전압 전력을 안정적으로 공급하고 평활을 할 목적으로 EPCU 내부에 커패시터가 장착된다. 커패시터는 콘덴서라고도 하며, 고전압 배터리로부터 공급된 고전압의 전원이 인버터로 연결되기 전에 거치게 된다.

PRA OFF 또는 안전 플러그 차단 시 고전압이 차단되지만, 커패시터 내부에는 고전압 에너지가 저장돼 있어 커패시터의 에너지가 방전되기 전까지는 약간의 시간이 필요하다.

전기자동차는 키스위치 OFF 후 1초 이내로 고전압에너지를 방전시키도록 되어있다.

이때 전동기를 통해 방전을 유도한다. 관련 법규는 1초 이내 60V 이하로 전압이 떨어져야 한다.

MEMO

6

연료전지 자동차(FCEV)

1 개요

연료전지 자동차는 연료전지에서 수소와 산소의 화학반응으로 생산된 전기는 인버터를 거쳐 구동전동기를 작동시키는 과정에서 물 이외의 배출가스를 발생시키지 않기 때문에 각종 유해 물질이나 온실가스에 의한 환경피해를 해결할 수 있는 친환경자동차이다.

연료전지는 수소가 공급되면 전자와 수소이온으로 분리되고, 이때 발생한 전자들은 외부 회로로 전달되어 연료전지 자동차의 전동기를 구성하는 동력원이 된다. 수소에서 분리된 수소이온들은 전해질막을 통과해 막 반대편의 연료전지에 공급된 공기 중의 산소와 반응하여 물을 생성하게 된다. 이때 생성된 물은 연료전지 자동차의 배출물로서 공기와 함께 대기 중으로 배출된다.

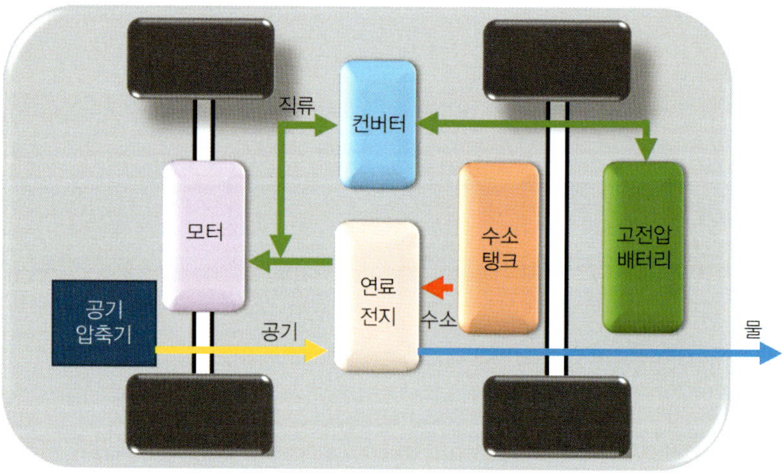

그림 1 | 연료전지 자동차의 작동

내연기관 자동차는 엔진 안에서 화석연료를 폭발시켜 그 동력으로 구동축을 회전시키나, 연료전지 자동차는 대기 중의 공기와 자동차에 탑재된 수소를 연료전지로 공급받아 생산한 전기로 고전압 배터리를 충전시키는 동시에 구동모터가 구동축을 회전시킨다.

연료전지 자동차는 고전압 배터리로부터 공급받은 전기로 구동모터를 구동하므로 구동모터에서 바퀴에 이르는 구조는 기존의 전기자동차와 동일하나, 고전압 배터리로 전기를 공급하는 방식에서 전기자동차와 차이가 있다.

전기자동차는 충전소에서 고전압 배터리를 충전하여 저장된 전기를 사용하는 것이나 연료전지 자동차는 연료전지로부터 생산된 전기를 이용하여 구동모터를 작동시키거나 고전압 배터리를 충전하여 구동전동기를 작동시키는 방법에서 전기자동차와 차이가 있다.

표 1 | 연료전지 자동차 특징

장점	단점
• 높은 효율 • 주행 정숙성 • 차량의 레이아웃 설계 용이 • 공해 물질 배출 없음 • 부품교체 비용이 상대적 저렴 • 짧은 시간 연료 충전	• 높은 차량 가격 • 수소 공급 인프라가 구축되지 않아 실용화에 한계 • 안전하면서 높은 효율의 수소 저장기술의 미흡

연료전지는 전해질을 사이에 두고 두 전극이 샌드위치의 형태로 위치하며, 두 전극을 통하여 수소이온과 산소이온이 지나가면서 전류를 발생시키고 부산물로서 열과 물을 생성한다.

연료전지의 양극(Anode)을 통하여 산소가 공급되며 음극(Cathode)을 통하여 수소가 공급되면 음극을 통해서 들어온 수소분자는 촉매(Catalyst)에 의해 양자(H^+)와 전자로 나누어진다. 나누어진 양자와 전자는 서로 다른 경로를 통해 양극에 도달하게 되는데, 양자는 연료전지의 중심에 있는 전해질(Electrolyte)을 통해 흘러가고, 전자는 외부 회로를 통해 이동하면서 전류를 흐르게 하며, 양극에서는 다시 산소와 결합하여 물이 된다. 연료 중 수소와 공기 중 산소가 전기 화학반응에 의해 직접 발전한다.

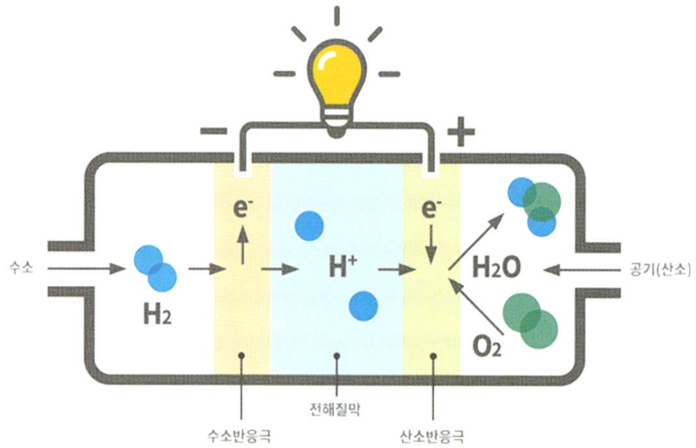

그림 2 | 연료전지 작동원리

연료전지의 연료와 산화제 중 수소 연료전지는 수소를 연료로 산소를 산화제로 이용하며, 그 외에 탄화수소, 알코올 등을 연료로, 공기, 염소, 이산화염소 등을 산화제로 이용할 수 있다.

연료전지의 발전 효율은 40~60% 정도로 대단히 높으며, 반응과정에서 나오는 배출열을 이용하면 전체 연료의 최대 80%까지 에너지로 바꿀 수 있다.

연료전지는 천연가스, 메탄올, LPG, 나프타, 등유, 가스화된 석탄 등의 다양한 연료를 사용할 수 있기 때문에 에너지 자원에 대한 확보가 쉽다. 또한 연료를 태우지 않기 때문에 지구 환경보호에도 기여할 수 있다. 또한 질소산화물(NOx)과 이산화탄소의 배출량이 석탄 화력발전의 각각 1/38과 1/3 정도이며, 소음도 화력발전 방식에 비해 매우 적다는 장점이 있다.

표 2 | 연료전지의 종류

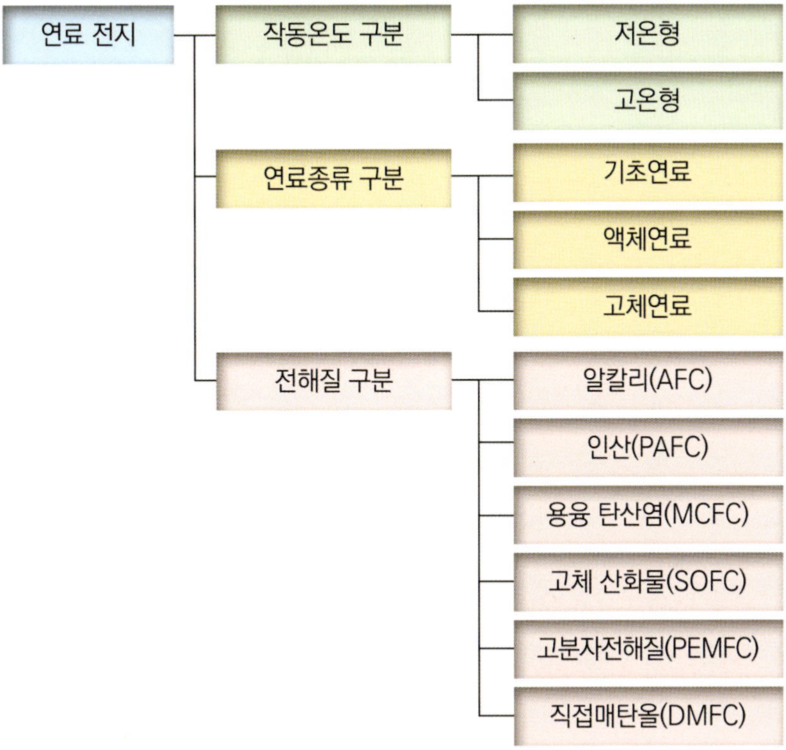

연료전지 자동차의 연료전지는 연료전지만으로 전기를 생산할 수 없고 연료전지 주위에 운전에 필요한 연료전지 운전 장치(BOP: Balance Of Plant)들이 자동차의 운전 상황에 따라 연료전지에 필요한 양의 연료와 공기를 공급해 주고 적절한 온도를 유지하기 위해 냉각수도 순환시켜야 정상적으로 연료전지로부터 전기가 생산되므로, 연료전지와 연료전지 운전 장치(BOP)를 합해 연료전지 시스템이라 한다.

2 연료전지 자동차 구조

1 개요

연료전지 자동차(FCEV : Fuel Cell Electric Vehicle)는 연료전지 스택(Stack)에서 수소(H_2)와 산소(O_2)의 화학반응을 통해 생산된 전기를 생산하여 구동전동기를 작동시켜 주행하는 자동차이다. 연료전지 자동차는 대기 중의 공기와 연료탱크 내의 산소를 이용하여 전기를 생성한다.

연료전지에서 생산된 전기는 모터/인버터 일체형에서는 인버터를 통해 모터로 공급된다. 또한 연료전지에서 생산된 전기의 충·방전을 보조하기 위해 별도의 고전압 배터리가 적용되며, 이 과정 중에 수증기가 배출된다.

수송용 연료 전지자동차 중에 자동차의 주동력으로 사용되는 연료전지는 대표적으로 프로톤 교환막 연료전지(PEMFC : Proton·Exchange Membrain Fuel Cell)이며, 또는 고분자 전해질 연료전지라고 한다. PEMFC의 기본이 되는 연료는 수소이다. 수소 이외에 메탄올, 가솔린, 디젤, 천연가스 등의 연료를 사용할 경우에는 이들 연료로부터 수소를 생산하기 위해 별도의 연료 변환기를 장착해야 한다.

연료전지 자동차의 개발 초기에는 연료 변환기가 장착된 시스템의 연구가 활발하였으나, 시간이 지나면서 연료 변환 장치를 자동차에 장착하지 않고 수소 충전소에서 연료 변환을 통해 생산된 수소를 충전하는 방식으로 연료공급의 개념이 바뀌고 있다.

현재는 고압 수소탱크를 사용하여 연료 변환 장치 없이 직접 가압된 수소를 연료로 사용하는 것이 일반적인 추세이다. 수소 연료 전지자동차를 연료에서 구동에 이르기까지의 에너지 흐름의 관점에서 보면 연료저장 시스템, 연료전지발전 시스템, 전기 동력 시스템으로 나눌 수 있다.

그림 3 | 연료전지 자동차 엔진 룸

고압 수소탱크에서 연료전지로 연료인 수소가 공급되며 전기 화학반응에 필요한 산소는 대기 중의 공기로부터 공급된다. 한 번 연료전지에 공급된 수소는 대기 중으로 방출되는 것이 아니라 수소 이용률을 높이기 위해 수소탱크의 수소와 혼합되어 다시 연료전지 스택에 공급된다. 이와 같은 과정으로 연료의 소비를 줄일 수 있을 뿐만 아니라 대량의 수소가 공기 중으로 방출되어 발생할 수 있는 위험을 줄일 수 있다. 공기와 수소의 반응에 의해 연료전지에서 생성된 직류전기는 인버터를 통해 바뀐 뒤 전기 구동모터에 공급된다. 구동모터에서 발생되는 회전 운동에너지는 감속기를 통해 적절한 회전수로 감속되어 바퀴에 전달된다.

연료전지에서 전기를 생산하고 생산된 전기를 통해 차량을 구동하는 시스템이 구성된 전체 모듈을 PFC(Power Train Fuel Cell)라 한다. PFC에는 연료전지 발전 모듈에 연료인 수소를 공급하기 위한 수소공급 시스템(FPS: Fuel Processing System), 산화제인 공기를 연료전지로 공급하기 위한 공기공급 시스템(APS: Air Processing System), 연료전지 발전 모듈과 연료전지 시스템의 열과 물을 관리하기 위한 열 관리 시스템(TMS: Thermal Management System), 연료전지 시스템의 운전/제어를 위한 연료전지 제어기 및 제어기술로 구분된다.

연료전지 자동차의 동력 발생은 연료전지가 전기에너지 외의 별도의 기계적인 구동력을 발생시키지 않기 때문에 회전력을 필요로 하는 모든 섀시부품들이 전기로 구동된다. 워터펌프, 에어컨 컴프레셔 등은 모터로 구동되며, 진공을 형성하기 위해 별도의 진공펌프가 필요하다. 이러한 전기구동 모터 및 장치들을 운전하기 위해서는 각 부품들의 전압 사양을 맞추어 주어야 한다.

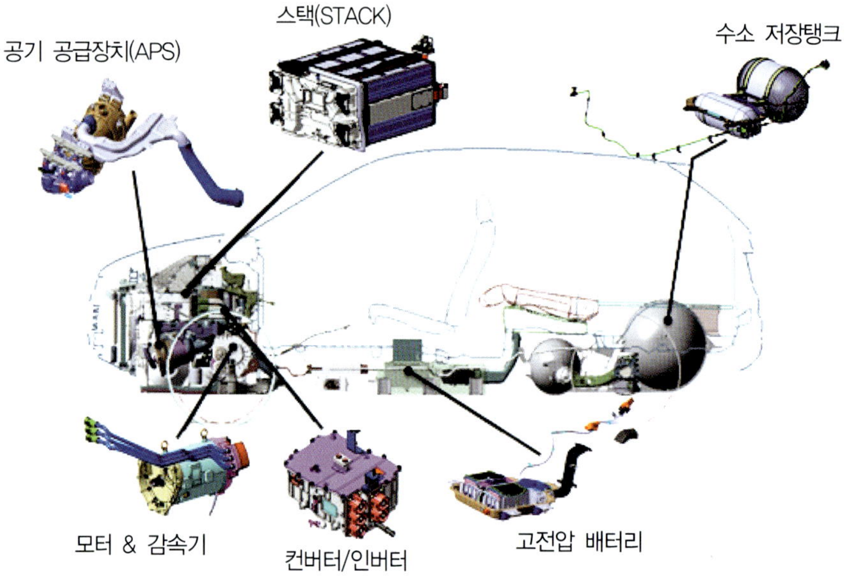

(a)

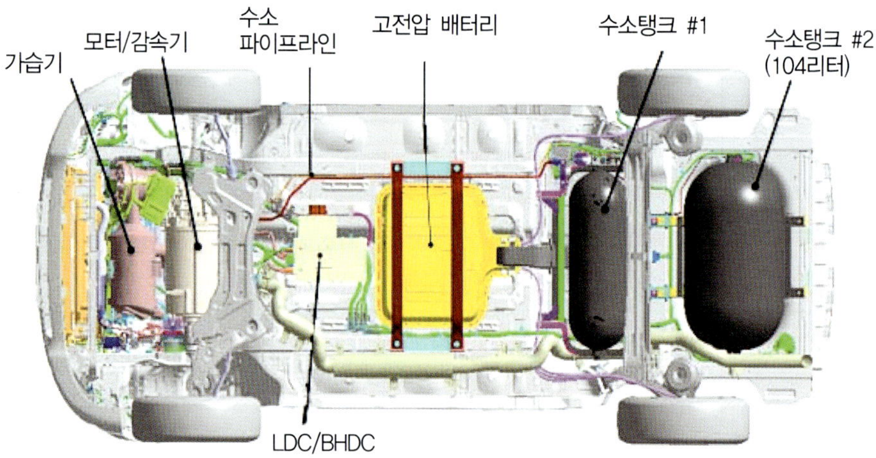

(b)

그림 4 | 연료전지 자동차 구조

01 수소공급 시스템(FPS: Fuel Processing System)

- 연료전지 핵심 부품
- 주행에 필요한 전기에너지 발생
- 공급된 수소와 공기 중 산소가 결합되어 수증기 생성

02 공기공급 시스템(APS: Air Processing System)

- 스택 내에서 수소와 결합해 물(H_2O) 생성
- 순수 산소 형태가 아니며 대기 공기로 연료전지로 공급
- 공기 청정도를 위해 전용 에어클리너 적용

03 수소 저장탱크

- 연료전지의 주 연료 저장
- 탱크 내 수소 저장(700bar)
- 연료전지로 공급

04 고전압 배터리

- 연료전지에서 발생된 전기 저장
- 회생제동 전기에너지 저장
- 차량 주행에 필요한 전기 지원
- 시스템 내 고전압 장치에 전원 공급

05 컨버터/인버터

- 연료전지에서 발생된 직류전기를 모터가 필요한 3상 교류전기로 변환
- 차량측 12V 배터리 전원으로 변환

06 모터 & 감속기

- 차량을 구동하기 위한 모터와 감속기

3 PFC(Power Train Fuel Cell) 어셈블리

연료전지 자동차의 동력원인 전기를 생산하고 생산된 전기를 통해 차량을 구동하는 시스템이 구성된 전체 모듈을 PFC(Power Train Fuel Cell)라 한다.

PFC(Power Train Fuel Cell)는 크게 연료전지에 수소를 공급하는 수소공급 시스템(FPS: Fuel Processing System), 공기를 공급하는 공기공급 시스템(APS: Air Processing System), 연료전지 작동 시 발생하는 열을 관리하는 열 관리 시스템(TMS: Thermal Management System), 연료전지에서 생산된 전기로 차량을 구동하는 구동전동기 및 감속기로 구성된다.

그림 5 | 연료전지 시스템 PFC 구성

표 3 | PFC(Power Train Fuel Cell) 어셈블리 구성

구성요소	주요 기능
연료전지	• 전기를 발생시키는 모듈 • 별도의 고온의 연소반응 없이 전기 발생
운전 시스템(BOP)	• 수소공급 시스템, 공기공급 시스템, 열 관리 시스템 구성 • 연료전지 시스템을 최적 조건으로 운전할 수 있도록 제어하는 장치 • 연료, 공기, 열 회수 등을 위한 펌프류, 블로워, 센서 등으로 구성
공기공급 시스템(APS)	• 연료전지에 수소와 반응을 할 공기를 압축과 냉각을 하여 공급하고 BPCU에 의해 공기량을 제어하는 장치
수소공급 시스템(FPS)	• 연료전지의 발전 모듈로 연료인 수소를 공급하는 장치
열 관리 시스템(TMS)	• 연료전지의 발전 모듈과 연료전지 시스템의 열, 물 관리하는 장치
BPCU	• 운전장치에 사용되는 공기압축기 구동제어기 • 제어 보드, 게이트 보드, 캐패시터, IGBT, 전류센서, 홀더로 구성
FCU (Fuel-Cell Control Unit)	• 연료전지에서 최적의 효율로 전기를 발생시키고 주변 장치들을 제어하는 연료전지 시스템 통합 제어기 • 클러스터와 엑셀, 브레이크 등을 관리하는 차량제어 기능 • 고전압 배터리와 연료전지에서 생성되는 전기를 배분
인버터	• 직류전원을 가변 전압 및 가변 주파수 형태의 교류로 변환하는 장치 • 구동전동기의 구동력/회생전력 제어 • 직류를 교류로 만들기 위해 변조기 사용
구동 전동기, 감속기	• 차량을 구동하기 위한 모터와 감속기
수소저장 탱크	• 연료전지의 주 연료 저장 • 탱크 내 수소 저장(700bar) • 연료전지로 공급

01 연료전지

연료전지는 수소 원료의 화학에너지를 전기에너지로 직접 변환시켜 직류(DC) 전류를 생성하는 발전장치로, 차량 주행에 필요한 전원을 공급하며 전극막, 분리판, 기체 확산층, 가스켓 등으로 구성된다.

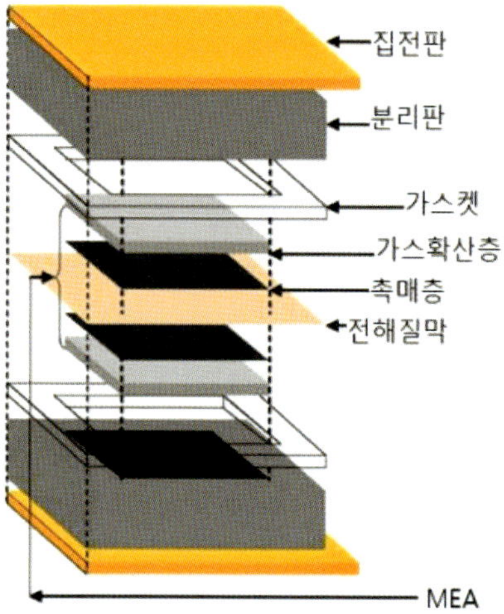

그림 6 | 연료전지 주요 부품 구성

연료전지 자동차도 구동전동기가 구동하는데 필요한 전기에너지를 확보하기 위해서는 다수의 셀을 직렬로 연결하여야 하며, 이를 스택이라고 한다.

셀(Cell)은 두 기체(수소와 산소)의 반응을 높이기 위해 적용된 소자와 냉각수 흐름과 각 부위의 기밀을 유지하기 위한 부분으로 구성된다. 각 셀은 약 0.5~1V의 전압을 출력할 수 있기 때문에 약 440장의 셀을 적층 구조로 조립하면 250~450V 전압의 연료전지 셀을 완성한다. 스택은 운전 부하에 따라 다르나 계산식에 의해 단순 계산을 하면 약 5kg의 수소가 산소와 완전결합을 한다면 약 45 L 의 물이 생성된다.

전극막은 백금과 탄소 촉매를 사용하며 수소이온만 통과하여 산소와 전기화학반응에 의해 전기를 생성한다.

분리판은 각 단 셀 사이를 막고 가스의 혼합을 방지한다. 각 단 셀에 수소가스나 공기를 공급하는 통로가 되며, 단 셀 사이를 잇는 전자의 통로 역할을 하는 도선으로 작용한다. 일반적으로 분리판과 전극 사이에는 가스를 균일하게 확산시키기 위한 기체 확산층이 끼워진다. 기체 확산층(GDL)은 수소, 산소의 상태변화와 분리시키며, 발수기능 보유로 공기극의 생성수의 배출을 돕는다. 가스켓은 반응가스의 누출방지를 위해 기밀 유지한다.

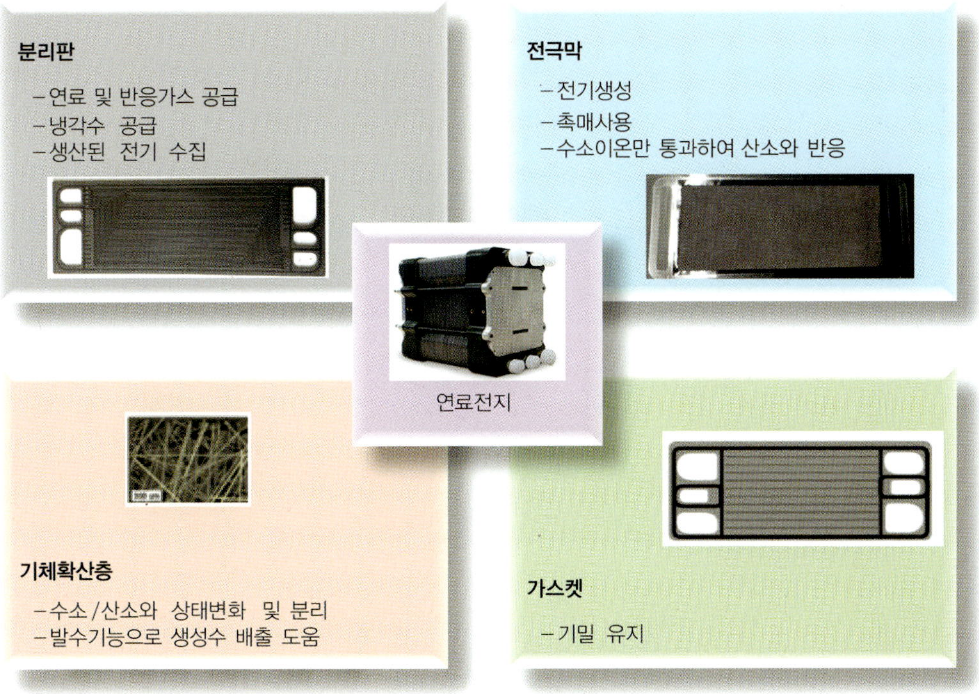

그림 7 | 연료전지 셀의 구성

연료전지는 반응기체가 흐를 수 있도록 가공된 2개의 분리판과 그 사이에서 전기화학반응을 일으키는 막전극 집합체(MEA: Membrane Electrode Assembly), 분리판, MEA 사이에서 기체의 흐름을 관장하는 가스 확산층과 밀봉을 위한 가스켓으로 구성된다. 연료전비의 전압은 적층된 단위전지의 개수에 비례하며, 전류는 MEA의 면적에 비례한다. 2매의 백금 전극과 전해질로 구성되며 연료전지의 1개를 단 셀이라 한다. 1개의 단 셀이 발생시키는 전압은 연료나 전해질의 종류에 따라 결정되는데, 단 셀의 크기에 무관하게 약 1볼트이며 단 셀을 직렬로 이어 복수의 단 셀로 만든 것이 스택(Stack)이다.

(1) 전기발생 원리

고분자 전해질막을 중심으로 양쪽에 다공질의 연료극과 공기극이 설치된다. 양극에서 수소가 이온화되어 수소(H)는 H^+라는 이온으로 만들고, 전자(e^-)를 분리해서 전해질을 통해 음극으로 이동으로 보낸다. H^+를 막전극 집합체(MEA)를 통해 흘려 보내면 산소(O_2)와 만나 물(H_2O)이 산소(O_2)를 만나면서 전기가 발생한다.

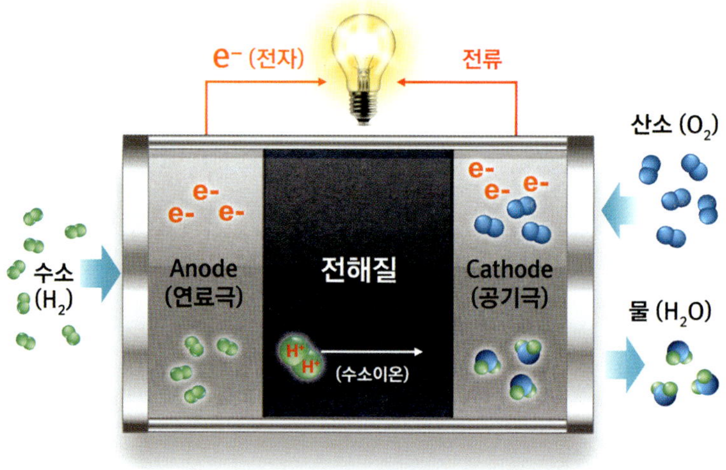

그림 8 | 수소 연료전지 구조

전극은 모두 탄소 혹은 금속을 사용하며 전극의 표면적을 증대시키기 위해 다공질로 되어 있다. 1~10기압으로 수소가스가 공급되면 (+)극에서 산소는 환원되고 (-)극의 수소는 산화된다. 수산화칼륨(KOH) 용액의 전해액은 수산화 이온(OH)의 농도는 변하지 않고 수소와 산소로 물이 만들어진다.

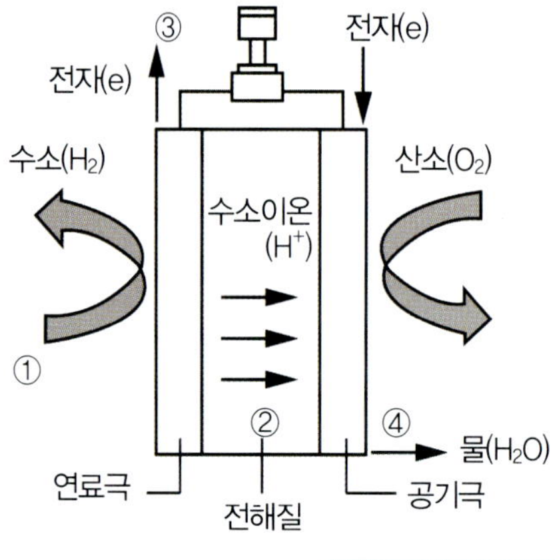

① 연료극에서 수소가 수소이온과 전자로 분해
② 수소이온은 전해질을 거쳐 공기극으로 이동
③ 전자는 외부 회로를 거쳐 전류를 발생
④ 공기극에서 수소이온과 전자, 산소가 결합해 물이 된다.

그림 9 | 수소 연료전지 전기발생 원리

연료전지의 음극에서 수소분자는 촉매에 의해 수소 양이온과 전자로 분리되고, 수소 양자만이 전해질 박막(PEM)을 통과하여 양극으로 이동한다. 전자는 박막을 통과할 수 없기 때문에 수소측은 전자 과잉상태가 된다. 공기측의 촉매는 공기 중에 포함된 산소분자가 전자를 흡수하는 작용을 한다. 전자 과잉상태에 있던 전자들이 음극에서 양극로 이동하면서 산소가 (-)로 대전되면 전자가 이동하면서 전류가 흐른다. 그 이후 H^+와 O^{2-}가 결합하여 물(H_2O)이 된다.

현재 사용되고 있는 연료전지의 셀(Cell)전압은 0.6V로 구동전동기를 구동하는데 충분한 전기에너지를 확보하기 위해서는 필요 전압에 상응하는 다수의 셀을 직렬로 연결하여야 한다. 다수의 연료전지 셀이 직렬로 연결되어 층을 이룬 것을 스택(Stack)이라 하며, 이 스택(Stack)을 다시 직렬 또는 병렬로 연결하여 사용한다.

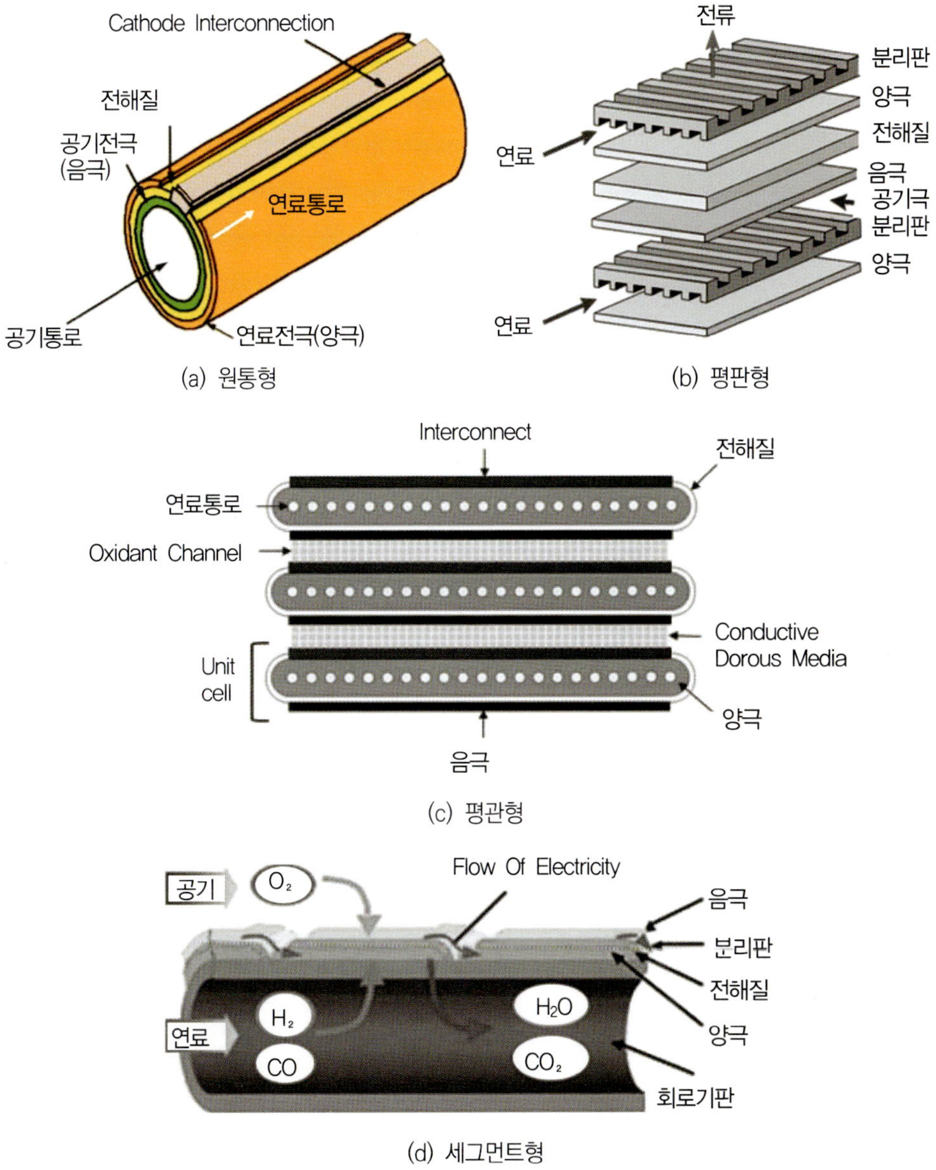

그림 10 | 스텍 분리판 구조

(2) 막전극 집합체(MEA: Membrane Electrode Assembly)

막전극 집합체(MEA)는 연료극과 공기극 사이에 위치하는 전해질막(Membrane)과 백금 촉매로 구성된다. 전해질막(Membrane)은 수소(H^+)이온만 통과시키는 필터로 불소계와 탄화수소계가 있다.

불소계 전해질막은 복잡한 제조공정으로 막 가격이 매우 비싸며 낮은 유리전이 온도가 단점이나 현재 주로 사용되고 있다. 탄화수소계 고분자 전해질막은 생산단가를 낮추기 위해 개발 중으로 고온 저습도에서 이온전도도가 낮으며, 수소이온(H^+) 통과가 불안정하며 불소계보다는 저렴하나 탄화수소계를 쓰면 백금 촉매 사용량 증가로 비용이 증가하는 경향이 있다. 일반적으로 백금 촉매는 전자와 수소 양이온이 분리가 잘되도록 H-H 결합을 빠르게 깨기 위한 장치이다. 수소이온(H^+)을 만들 때 에너지가 소모를 줄이기 위해 수소를 백금(Pt)에 붙였다가 떼어낸다. 수소는 기본적으로 금속과 가장 빠르게 반응하며 반응 시 성질의 변화를 방지하기 위해 백금을 사용한다. 백금은 단단하고 부식이 적으며 산소와 반응하지 않고 금보다는 강도가 높으며, 활성화 에너지를 최소화하는 역할을 한다.

(3) 분리판(Bipolar Plate. Separator)

분리판은 주로 스테인리스강으로 되어 막전극 집합체(MEA)의 기계적 강도를 주며, 냉각수의 이동통로, 전기를 전달하는 매개체, 연료 기체인 수소와 산소를 공급하고 생성된 물을 배출한다.

수소와 공기는 분리판 양면에 있는 유로를 통하여 각 전극 내부에 공급되며, 반응가스의 공급과 분리뿐만 아니라 전기전도, 물 배출, 내부 열관리 등의 역할을 수행한다.

수소, 산소의 혼합방지, 가스공급과 물 배출 유로, 셀 사이 전자가 흐르는 통로, MEA와 분리판이 하나의 유닛으로 계속 반복되어 적층(Stack)되는 구조이다.

4 연료전지 운전 장치

연료전지 운전 장치(BOP: Balance Of Plant)는 공기, 연료, 열 회수 등을 위한 센서, 펌프류, 블로워 등으로 구성된다. 내연기관에서 동력 발생을 위한 공기와 연료 공급 장치, 냉각 장치, 배기 장치 등과 같이 연료전지 시스템에도 연료전지 운전 장치(BOP)가 있다.

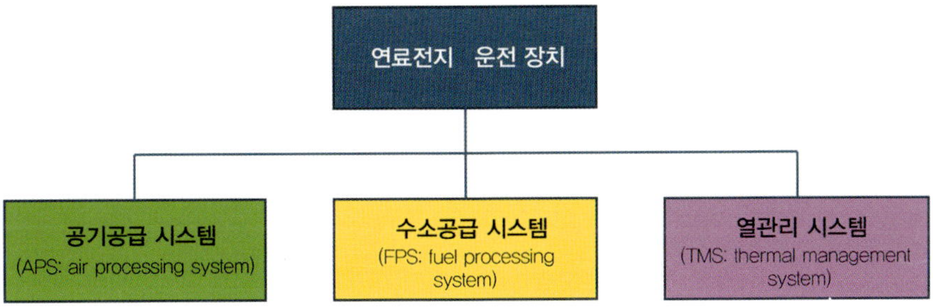

그림 11 | 연료전지 운전 장치 구성

연료전지 운전 장치는 크게 공기공급 시스템, 수소공급 시스템, 열 관리 시스템으로 구성되어 전기를 생산하는 연료전지에 공기를 공급하고, 수소 연료를 공급하며 냉각을 담당한다.

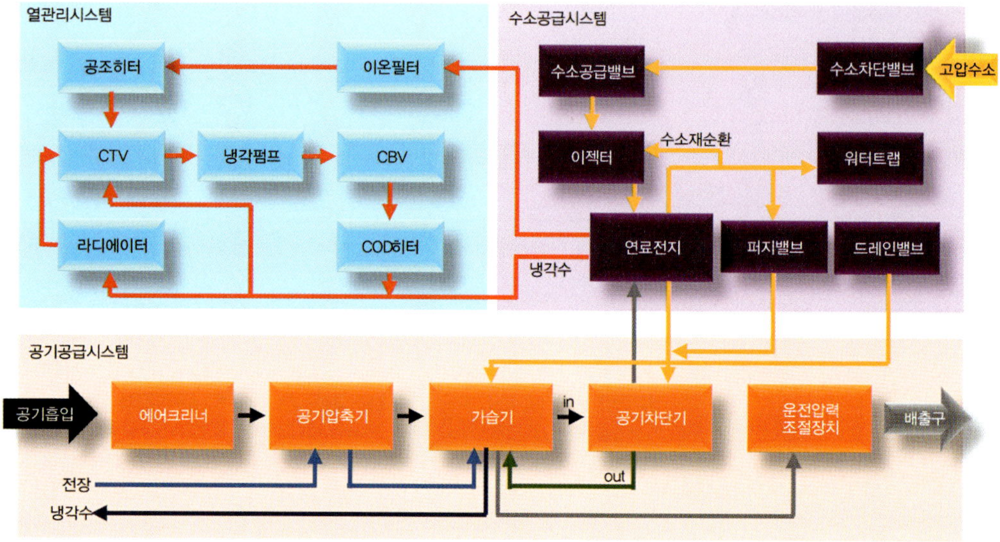

그림 12 | 연료전지 운전 장치

1 공기공급 시스템(APS: Air Process System)

공기공급 시스템은 전기화학반응을 위해 연료전지 양극에 산소를 공급하는 장치이다. 연료전지에 수소와 반응을 할 공기(사소)를 압축과 냉각을 하여 공급하고 BPCU에 의해 공기량을 제어하는 역할을 한다. 에어클리너, 공기공급기(Air Blower 또는 Air Compressor) 등으로 구성된다.

공기공급 시스템은 공기 중에 포함된 이물질을 여과하는 에어클리너와 에어클리너에서 여과된 공기를 압축하여 공급하는 공기 블로워 및 공기 블로워를 제어하는 컨트롤을 포함하여 구성된다. 이 중 공기 블로워는 공기를 압축하여 스택에 공급하는 연료전지 자동차의 핵심장치로 4만 RPM 이상 초고속 회전을 요하기 때문에 연료전지 파워의 10%가 여기에서 손실된다.

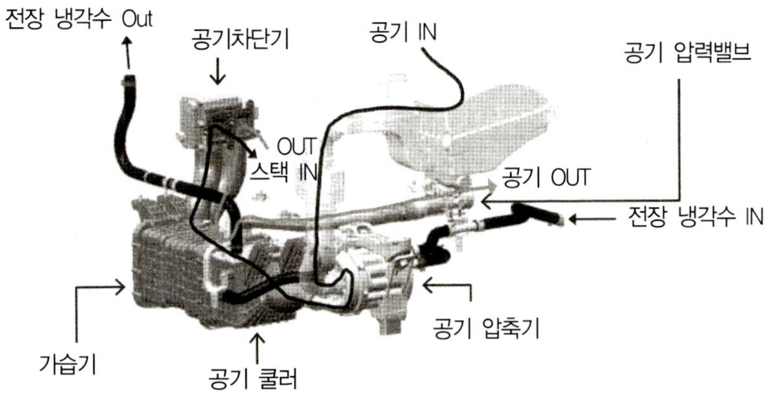

그림 13 | 공기공급 장치

01 공기공급 시스템 공기 제어

공기공급 시스템에서 공기의 흐름은 흡입공기는 고효율 에어필터와 소음 감소를 위한 레조네이터를 지나 공기압축기로 흡입된다. 공기압축기는 최대 10만 RPM으로 회전하며 공기를 연료전지로 밀어낸다.

공기쿨러에서 냉각된 공기는 가습기로 들어가 수분을 흡수한 후 습한 공기 상태가 된다. 이러한 습한 공기는 공기차단기의 Inlet을 통해 연료전지로 공급되고, 연료전지를 지난 공기는 다시 공기차단기의 Outlet을 통해 가습기로 되돌아간다. 이 공기는 가습기를 통과한 후 공기압력밸브를 지나 배기로 배출된다.

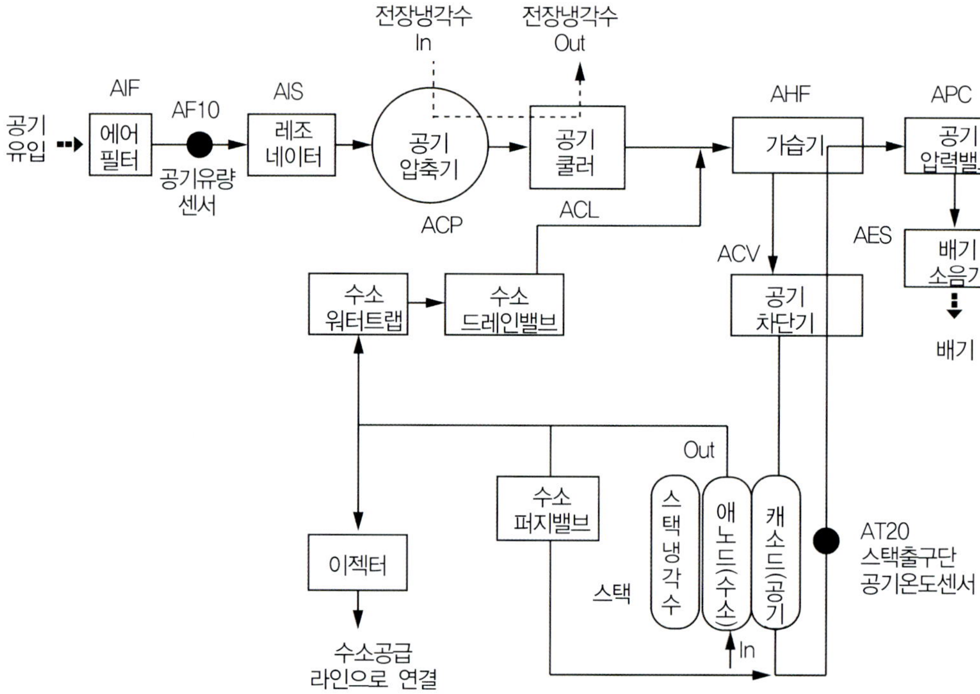

그림 14 | 공기공급 시스템에서 공기 흐름 경로

02 주요 구성품의 기능

(1) 에어크리너

연료전지는 순수한 산소만 필요하다. 여기에 유해가스나 먼지가 유입되면 이상 화학반응이 발생해 내구성이 크게 떨어진다. 에어크리너는 연료전지 자동차에서 흡입공기 내의 먼지 입자와 아황산가스와 부탄 등의 유해가스를 걸러내는 화학 필터를 사용한다.

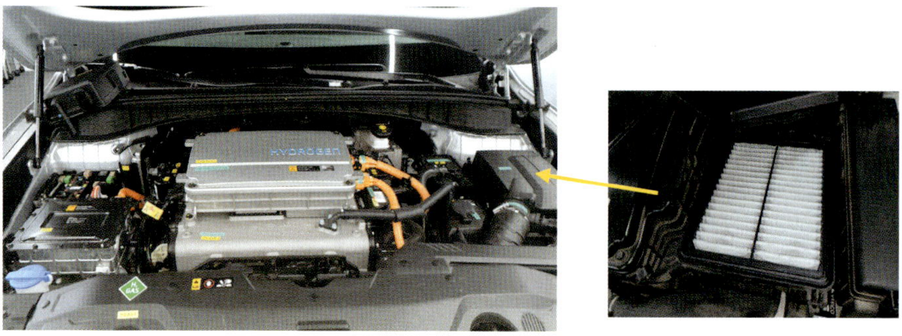

그림 15 | 에어크리너

에어크리너는 2개의 파티클층과 카본층 그리고 커버층으로 구성된다. 1번 파티클층은 입자상 물질을 포집하며 낮은 수준의 통기 저항과 높은 수준의 입자 포집 효율성을 지녀야 한다. 카본층은 다양한 화학물질, 아황산 및 부탄(탄소)을 포집하며 2번 파티클층은 입자상 물질과 미세입자를 포집한다. 그것은 폴리프로필렌(PP) 성분의 고성능 정전 부직포로 만들어진다. 마지막으로 커버층은 입자층을 보호하기 위한 피막으로 필터의 후공정과정에서 물리적 형태를 유지한다.

(2) 공기유량센서

공기유량센서는 에어크리너와 에어 흡기다기관 호스 사이에 설치되며, 연료전지로 유입되는 흡입공기량을 측정하여 FCU로 입력한다. 흡입공기 통로에 있는 핫필름의 온도를 유지하기 위해 흐르는 전류값으로 공기량을 측정한다.

그림 16 | 공기유량센서

레조네이터는 공명을 이용하여 흡입공기의 소음을 감소시키고 공기의 저장을 위해 설치한다.

(3) 공기압축기(ACP)

공기압축기는 압축 장치와 고속전동기로 구성되며 연료전지에 공기를 공급한다. 구동 모터의 구동 시 발생하는 열을 냉각하기 위한 냉각라인이 설치된다.

압축기는 BPCU와 BLDC 3상 회로로 구성되어 있어 제어에 따라 최대 10만 RPM으로 회전하며, 유입된 공기를 약 2bar까지 압축할 수 있다.

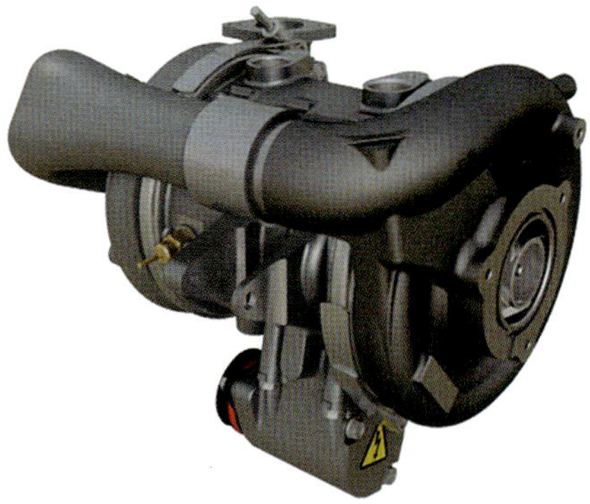

그림 17 | 공기압축기

(4) 공기쿨러

공기압축기에 의해 압축된 공기는 약 130℃까지 온도가 상승하여 공기밀도가 낮아진다. 공기쿨러는 효율적인 공기냉각을 위해 공기압축기와 가습기 사이에 설치되며 냉각라인이 연결되어 흡입되는 공기를 약 85℃ 정도로 냉각시킨다.

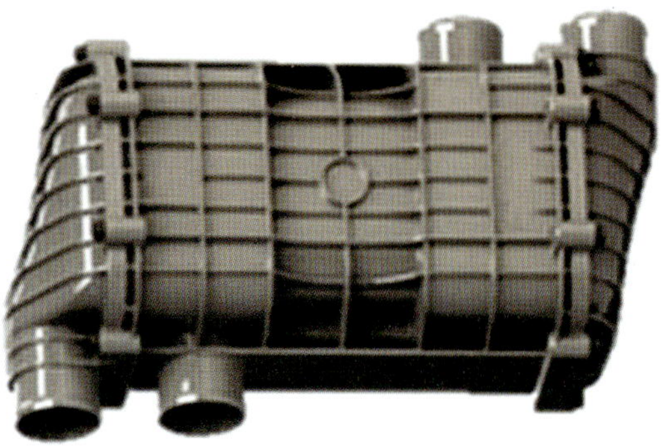

그림 18 | 공기 가습기

(5) 가습기

가습기는 공기 쿨러와 함께 설치되며 연료전지로 공급되는 공기에 수분을 공급하는 역할을 한다. 가습기 내의 중공을 통해 연료전지로 유입되는 흡입공기에 연료전지에서 배출된 수분을 전달하여 연료전지 내부 각 셀에서 수소(H^+) 반응이 잘 일어나도록 하는 촉매 역할을 한다. 혹한기에 막 가습기 내에 수분이 빙결되는 경우가 있긴 하지만, 수분의 양이 적기 때문에 막 가습기 작동에는 문제가 되지 않는다.

(6) 공기차단밸브(ACV: Air Cut-off Valve)

공기차단밸브는 가습기에서 공급된 공기를 연료전지로 공급한다. 연료전지에서 사용된 공기를 가습기로 배출시키는 통로 역할을 한다.

연료전지 시스템이 작동되기 위해서는 항상 공기차단기가 열려 신선한 공기를 공급하고 사용되고 남은 공기를 배출해야 한다. 키스위치 OFF 시에는 공기차단기가 닫혀 연료전지로 들어가는 공기를 막아 키스위치 OFF 후 잔류가스에 의해 연료전지에서 전력이 생산되는 것을 방지한다.

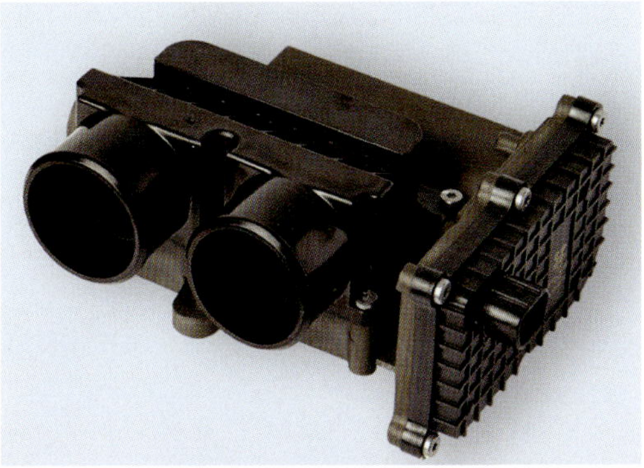

그림 19 | 공기차단밸브

(7) 공기압력밸브(APC: Air Pressure Control Valve)

공기압력밸브는 연료전지에서 배출되는 공기가 저항 없이 배기로 배출되면 공기압축기에서 공급하는 압력 때문에 공기가 연료전지에 머물며 수소와 반응할 수 있는 시간이 줄어드는 문제점을 개선하기 위해 부하에 따라 열림량을 조정하여 연료전지 내부 공기단에 걸리는 배압을 제어하여 연료전지에 공급된 공기가 수소와 충분히 반응할 수 있도록 하는 역할을 한다.

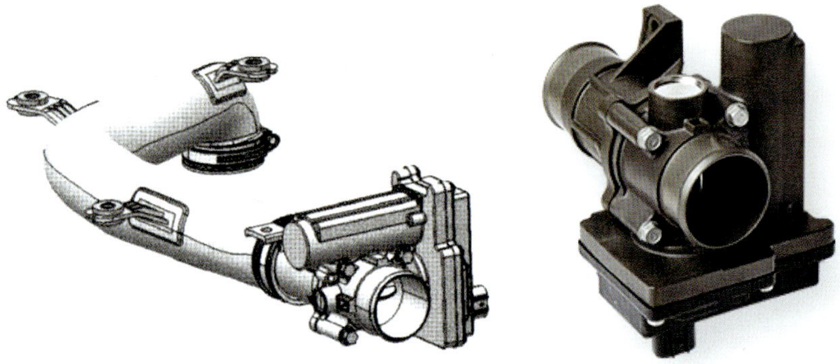

그림 20 | 공기압력밸브

2 수소공급 시스템(FPS: Fuel Process System)

연료전지에 수소를 공급하는 시스템으로 여기에는 수소탱크, 압력조절기, 수소재순환기 등으로 구성된다.

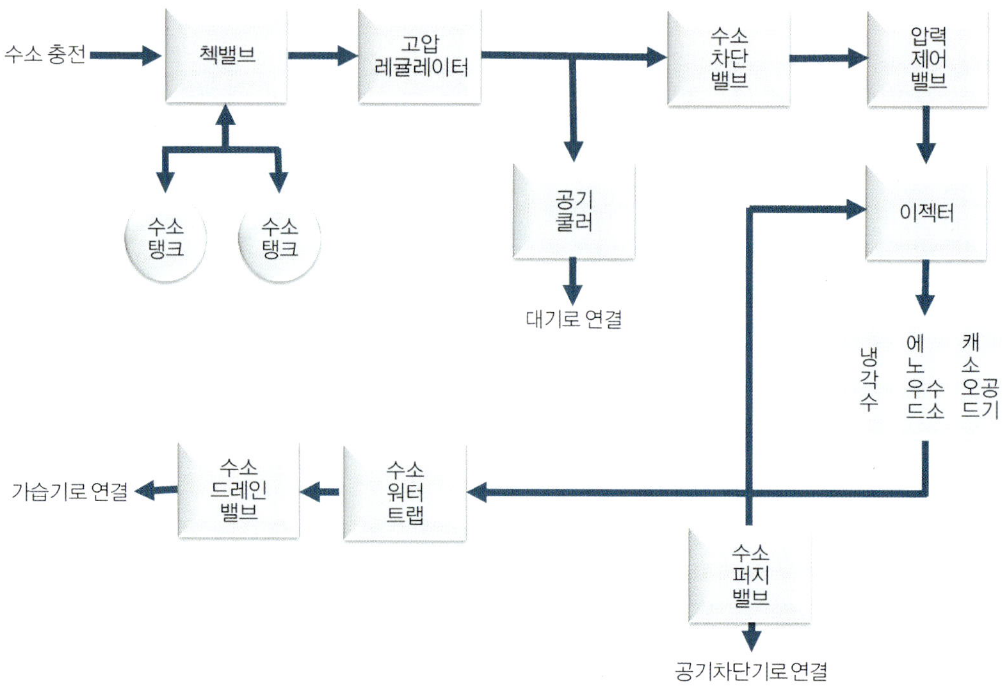

그림 21 | 수소공급 시스템 구성

01 수소공급 시스템 연료 제어

수소공급 시스템에서 수소탱크는 솔레노이드밸브와 체크밸브를 통해 고압 레귤레이터까지 대기한다. 약 700bar의 연료압력은 레귤레이터를 지나면서 약 17bar로 감압되어 수소 차단밸브로 공급된다.

작동 준비 시 차단밸브가 열리면 연료는 압력제어밸브를 통해 2차 감압 후 이젝터로 공급되면 연료는 연료전지에 공급되고, 연료전지에서 배출되는 연료를 재순환시킨다.

연료전지에서 배출된 연료는 퍼지밸브와 이젝터, 수소 워터 트랩으로 흘러가며, 이젝터로 유입된 연료 일부는 재순환되며 수소순도가 떨어지면 퍼지밸브를 구동하여 대기로 배출한다. 수소워터 트랩은 연료전지 수소층에서 발생된 물을 모았다가 드레인밸브를 통해 외부로 배출한다.

02 주요 구성품의 기능

(1) 수소저장 탱크

수소저장 탱크는 수소충전소에서 약 700bar로 충전시킨 기체수소를 저장하는 탱크이다. 고압의 수소를 저장하기 때문에 내화재 및 유리섬유를 적용하여 안정성 확보와 경량화한다. 또한 낙하시험, 화염시험, 충격시험 등을 통해 위급상황 시 발생할 수 있는 안전도를 확보한다.

고압가스를 저장하는 연료탱크눈 Type 1~4로 구분된다. Type 1은 완전 스틸(강철)로 이루어진 연료탱크이고, Type 2는 탱크통 일부를 유리섬유로 감은 것, Type 3은 탱크통을 완전 탄소섬유로 감은 형태이다. 그리고 Type 4는 고밀도 플라스틱 라이너를 완전 탄소섬유로 감아서 완성한다.

연료전지 자동차에는 수명과 안전성 때문에 Type 4 탱크를 탑재한다. Type 4 연료탱크는 에폭시와 열경화성 수지 등을 합친 복합소재가 적용된다. 탱크가 고압에서도 잘 견딜 수 있도록 탄소섬유를 다양한 패턴으로 여러 겹으로 감은 형태이다. 실을 왼쪽, 오른쪽, 사선방향 등으로 둘러 감은 형태라는 것이다. 이렇게 특수 패턴으로 겹겹이 감긴 탄소섬유는 큰 외부 충격을 받더라도 폭발하지 않고 살짝 찢어지면서 수소가스를 공기 중으로 날려 보낸다.

700bar 고압의 수소를 충전하기 때문에 탱크가 '늘었다', '줄었다'를 반복하는데 Type 4의 라이너는 플라스틱 소재로 만들어져 복원력이 뛰어나 피로도에 강하다. 또한 고온에서 자가 가스방출 시스템을 적용해 화재나 충격, 충돌에도 견딜 수 있도록 설계되어 있다.

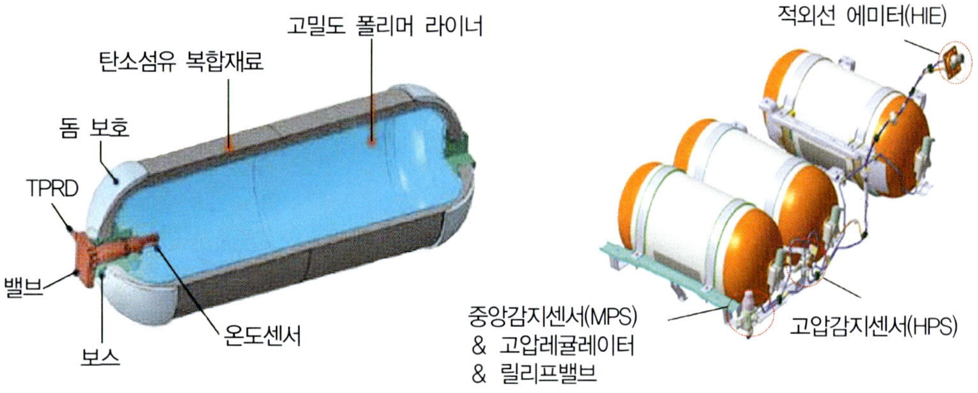

그림 22 | 수소 연료통의 구성

(2) 고압감지센서(HPS: High Pressure Sensor)

고압감지센서는 탱크 라인이 집중되는 체크밸브 블록에 설치된다. 충전된 수소의 이상 고압을 감지하여 HMU(Hydrogen Storage System Management Unit)로 전송한다. 최고 900bar까지 감지할 수 있으며 FCU는 이 신호와 연료 온도(HTS 내부) 신호를 기준으로 연료량을 결정한다. 또한 HMU는 감지된 압력과 온도에 따라 수소 충전 상태(수소양, 충전 속도)를 제어한다. 체크밸브는 수소 주입구와 고압라인을 차단하는 역할을 한다.

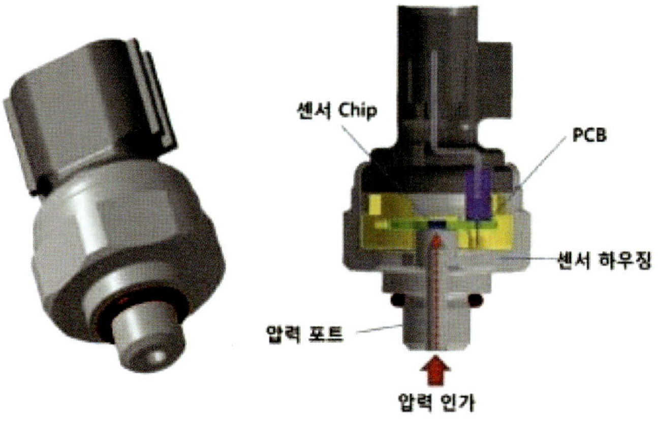

그림 23 | 고압감지센서(HPS)

(3) 중압감지센서(MPS : Mid Pressure Sensor) & 고압 레귤레이터 & 릴리프 밸브

체크밸브 블록에서 합쳐진 3개의 고압라인을 감압시키는 고압 레귤레이터와 이를 감지하는 중압 감지센서 그리고 감압한 연료가 약 22bar 이상일 경우 중압을 대기로 방출시키는 안전장치인 릴리프밸브가 하나의 블록으로 구성된다.

수소 저장탱크에서 공급된 700bar의 압력은 고압 레귤레이터를 지나면서 약 17bar로 감압되어 연료전지의 연료 차단밸브로 공급된다.

(4) 수소탱크밸브(HTS: Hydrogen Tank Solenoid)

수소탱크밸브(HTS)는 탱크 각각에 하나씩 적용되며 HMU가 제어한다. 밸브에는 탱크 내부에 저장된 수소를 공급라인으로 연결하는 솔레노이드밸브, 수소를 수동으로 차단할 수 있는 매뉴얼 차단밸브, 탱크 내부 온도를 감지하는 온도센서가 일체로 구성된다. 또한 탱크 내부 온도가 상승할 경우 저장된 수소를 외부로 방출시킬 수 있는 온도 감응 안전밸브가 내장되어 있다.

특정 탱크의 솔레노이드밸브가 기계적인 고장이 HMU가 제한하지 않는 고장일 경우 나머지 탱크에 저장된 수소 연료를 사용하여 주행할 수 있다. 하지만 주행거리가 현저하게 줄어 둔다.

그림 24 | 수소탱크밸브(HTS)

(5) 연료차단밸브(FBV: Fuel Block Valve)

연료차단밸브는 고압 어큐뮬레이터에 의해서 감압된 17bar의 수소를 연료전지로 공급한다. 밸브에 전류가 공급되면 전기장에 의해서 플런저가 위쪽으로 움직이게 된다. 이때 수소가 통과한다. 전류의 흐름을 차단하면 스프링에 의해서 플런저는 다시 내려오면서 수소공급은 차단된다. FCU의 신호에 의해 구동된다.

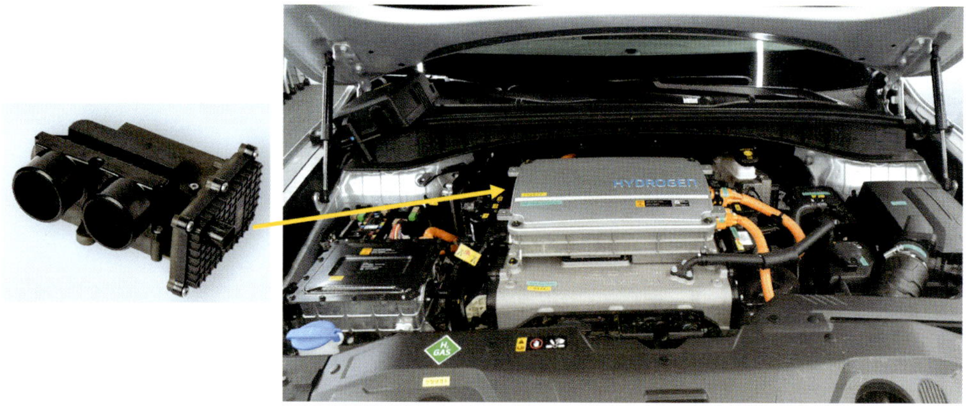

그림 25 | 연료차단밸브(FBV)

(6) 연료공급밸브(FSV: Fuel Supply Valve)

연료공급밸브는 연료차단밸브에서 공급된 17bar의 연료를 연료전지에서 전력을 생산하는데 필요한 만큼 압력을 조절하는 밸브이다. 일반적인 운전 조건일 경우 17bar로 입력받은 연료를 1~2bar로 감압하여 연료전지에 공급하며 FCU의 신호에 의해 구동된다.

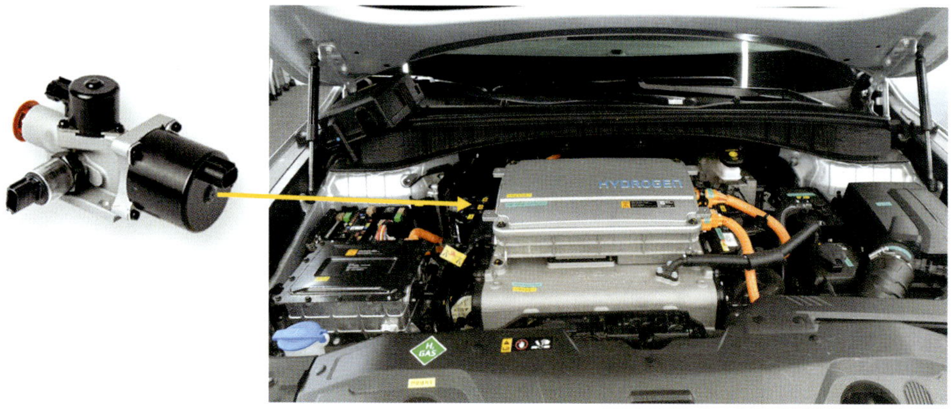

그림 26 | 연료공급밸브(FSV)

(7) 수소입구 상 · 하단 압력센서

연료전지로 공급되는 연료압력을 감지하는 센서로 측정된 압력은 FCU로 입력한다.

(8) 적외선 에미터(HIE: Hydrogen IR Emitter)

HMU는 수소저장탱크의 압력 및 온도를 실시간으로 감지한다. 이 정보는 수소가스 충전 시 중요한 정보로 활용된다.

수소 충전건이 차량과 연결되면 HMU는 적외선 에미터를 통해 수소충전소 충전관리 시스템에 현재 수소저장탱크의 압력 및 온도를 일반향으로 전송한다. 이 신호를 수신한 충전 시스템은 탱크 부하에 맞는 속도로 수소 충전을 조절한다. 이때 신호 수신부는 충전건에 내장된다.

적외선 에미터 고장으로 탱크정보를 확인할 수 없을 경우에는 기본적으로 저속으로라도 충전이 되어야 한다. 만일 충전소가 표준을 따르지 않을 경우 수소충전은 불가능할 수 있다.

(9) 연료라인 퍼지밸브(FPV: Fuel Line Purge Valve)

연료라인 퍼지밸브는 연료전지 내부의 수소 순도를 높이기 위해 사용된다. 스택으로 공급된 수소는 산소와 화학반응 후 버려지는 것이 아니라 이젝터를 통해 재순환되어 남아있는 수소의 화학반응을 유도한다. 이때 재순환 과정에서 수소의 순도는 점점 낮아진다. 스택에서 일정량의 수소를 소비할 때, 퍼지밸브는 수소의 순도를 높이기 위해 열려 수소를 배출한다. 즉, FCU는 항상 일정 수준 이상으로 수소의 순도를 유지하기 위해 퍼지밸브를 개방하고 새로운 수소를 공급한다. 퍼지밸브는 약 0.3초간 동작하여 스택 내 잔여 수소를 배출한다.

(10) 워터 트랩(FWT)

워터 트랩은 스택 내부 수소 확산 영역에서 생성된 물을 저장한다.

그림 27 | 워터 트랩(FWT)

(11) 생성 수 레벨센서

생성 수 레벨센서는 워터 트랩의 저장된 수분의 양을 감지한다. 워터 트랩에 저장된 물이 110ml 이상 모아진 경우 수분 레벨센서가 감지하여 FCU로 신호를 보낸다.

수분 레벨센서는 전기 신호로부터 전극의 물로 인해 발생되는 정전 용량의 변화를 감지한다. 높은 유전율을 가진 물질이 접근하는 경우, 센서는 증가하는 유전율을 감지하고, 물이 그에 접촉하는 것을 나타내기 위해 전기신호를 출력한다.

(12) 드레인밸브(FDV)

드레인밸브는 FCU의 구동에 의해 워터 트랩에 저장된 물을 공기 공급라인의 가습기로 보낸다. 드레인밸브 어셈블리 내부에는 밸브의 빙결을 막는 히터와 밸브의 개폐 상태를 감지하는 위치센서로 구성된다.

3 열 관리 시스템(TMS: Thermal Management System)

열 관리 시스템은 연료전지가 반응 시 발생하는 열을 적절한 온도로 유지하기 위하여 물 균형을 유지하는 기능을 하며, 라디에이터, 물 펌프, 이온 제거기, 물탱크 등으로 구성된다.

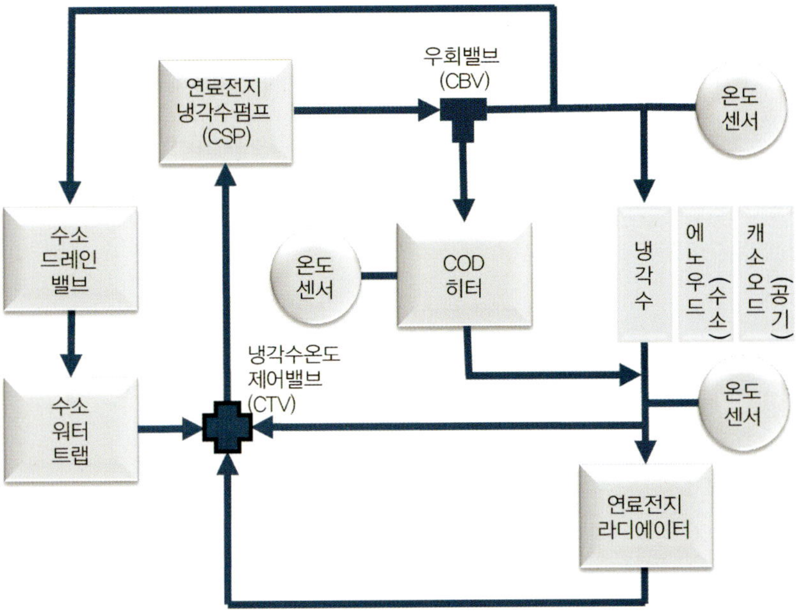

그림 28 | 열 관리 시스템 구성

01 열 관리 시스템의 냉각수 제어

열 관리 시스템은 연료전지 냉각수를 일반 운전, 과열, 냉 시동으로 운전 상태에 따라 구분하여 흐르도록 제어한다.

(1) 일반 운전 시 냉각수 경로

연료전지 냉각수 펌프에 냉각수를 펌핑하여 연료전지 우회밸브(CBV)로 보낸다.

연료전지 우회밸브는 평상시에 COD(Cathode Oxygen Depletion) 히터 라인을 막고 연료전지로 연결되는 라인과 실내 이온필터로 연결되는 라인으로 냉각수를 보낸다.

연료전지를 통과한 냉각수는 연료전지 냉각수 온도제어밸브(CTV)를 지나 냉각수 펌프로 유입된다. 냉각수 온도 제어밸브는 냉각수 온도가 상승하지 않으면 연료전지에서 유입되는 냉각수를 냉각수 펌프로 연결하고, 라디에이터에서 유입되는 냉각수는 차단한다.

연료전지 우회밸브(CBV)를 통과한 냉각수 중 일부는 항상 실내 히터 코어와 이온필터를 지나 냉각수 온도 제어밸브(CTV)로 유입되어 냉각수 펌프로 들어간다.

1) 일반 운전 시 냉각수 흐름

연료전지 냉각수 펌프(CSP) → 연료전지 우회밸브(CBV) → 연료전지 → 연료전지 냉각수 온도 제어밸브(CTV) → 연료전지 냉각수 펌프(CSP)

2) 상시 운전 시 냉각수 흐름

연료전지 냉각수 펌프(CSP) → 연료전지 우회밸브(CBV) → 히터 코어 이온필터 → 연료전지 냉각수 온도제어밸브(CTV) → 연료전지 냉각수 펌프(CSP)

(2) 과열 시 냉각수 경로

연료전지 냉각수 펌프에 냉각수를 펌핑하여 연료전지 우회밸브(CBV)로 보낸다.

연료전지 우회밸브는 평상시에 COD 히터 라인을 막고 연료전지로 연결되는 라인과 실내 히터코어로 연결되는 라인으로 냉각수를 보낸다.

연료전지를 통과한 냉각수의 대다수는 라디에이터를 지나 냉각된 후 온도제어밸브(CTV)로 유입된다. 이 냉각수는 냉각수 펌프로 유입되어 순환된다.

연료전지를 통과한 냉각수 일부는 라디에이터 앞 단에서 분기되어 CTV로 유입된다. 냉각수 온도 제어밸브(CTV)는 FCU CAN 신호에 따라 라디에이터를 통과한 냉각수와 통과 이전의 냉각수를 적절히 섞어 온도 제어를 수행한다.

1) 과열 시 냉각수 흐름

연료전지 냉각수 펌프(CSP) → 연료전지 우회밸브(CBV)→ 스택→ 라디에이터 →연료전지 냉각수 온도제어밸브(CTV) → 연료전지 냉각수 펌프(CSP)

(3) 냉간 시동 시 냉각수 경로

연료전지 냉각수 펌프에 냉각수를 펌핑하여 연료전지 우회밸브(CBV)로 보낸다.

CBV는 냉간 시동 시 연료전지로 연결되는 라인을 차단하고 COD 히터로 라인을 연결한다.

COD 히터를 통해 데워진 냉각수는 냉각수 온도 제어밸브(CTV)로 입력되어 다시 냉각수 펌프로 유입된다. 이때 연료전지는 CBV에 의해 냉각수가 공급되지 않은 상태이므로 연료전지 자체에서 발생되는 열로 히팅을 한다.

1) 냉 시동 시 냉각수 흐름

연료전지 냉각수 펌프(CSP) → 연료전지 우회밸브(CBV) → COD(Cathode Oxygen Depletion) 히터 → 연료전지 냉각수 온도 제어밸브(CTV) → 연료전지 냉각수 펌프(CSP)

연료전지 냉각수 펌프(CSP)는 인버터에 의해 구동되는 전동식 펌프로 고전압 정션박스에서 250~450V 전원을 입력받아 내부 인버터에서 3상으로 변환된 뒤 펌프를 구동한다. FCU는 통신으로 회전수를 제어하고 연료전지 냉각수 펌프(CSP)는 연료전지 냉각시스템의 냉각수를 순환시키는 역할을 한다.

COD 히터(CHT) 내부의 발열체는 COD 릴레이를 통해 고압회로와 연결되어 제어하며, COD(Cathode Oxygen Depletion) 기능, 냉간 시동 기능, 회생제동 기능, 급속 고전압 소진의 4가지 역할을 수행한다.

COD(Cathode Oxygen Depletion) 기능은 연료전지 셀의 내구성 향상을 위해 키스위치 OFF 시 연료전지의 잔류 전류를 강제 반응시켜 소진하는 기능이다.

냉간 시동기능은 냉간 시동조건에서 냉각수 흐름을 펌프와 COD 순환으로 변경하여 빠른 시간에 냉각수 온도를 높인다.

회생제동 기능은 자동차가 회생 제동할 때 회생된 에너지를 고전압 배터리로 충전시킨다. 그러나 고전압 배터리 SOC가 높을 경우에는 COD 히터를 사용하여 회생된 에너지를 발열로 소진시키는 기능이다.

급속 고전압 소진 기능은 절연파괴와 충돌과 같은 위급상황 발생 시 고전압 시스템 차단 후 잔류하는 고전압을 COD 히터를 통해 소진하는 기능이다. 위급상황 발생 시

60초 이내에 60V 이하로 감압할 수 있다.

02 주요 구성품의 기능

(1) 이온필터(CIF)

이온필터는 연료전지 냉각수의 이온을 필터링하여 차량의 전기전도도를 일정 수준으로 유지하여 운전자 감전 방지와 절연저항을 유지하여 전기 안전성을 확보하는 기능이다.

연료전지 냉각수는 전장 냉각수 대비 전기전도도가 매우 낮아 두 냉각수를 혼합하여 사용할 수 없다. 만일 전장 냉각수를 연료전지 냉각수로 넣을 경우 절연파괴가 되어 차량운행이 되지 않는다.

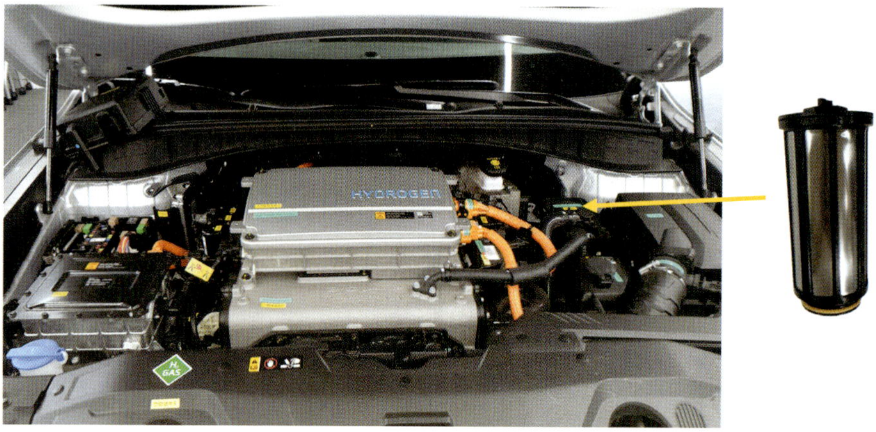

그림 29 | 이온필터(CIF)

(2) 연료전지 우회밸브(CBV : Coolant Bypass Valve)

연료전지 우회밸브(CBV)는 냉각수 펌프(CSP)에서 펌핑되는 냉각수를 연료전지 또는 COD(Cathode Oxygen Depletion) 히터로 연결한다.

일반적인 운전조건일 때 펌프에서 펌핑되는 냉각수는 연료전지로 유입되어 냉각 작용을 한다. 그러나 냉간시동에서는 연료전지 우회밸브(CBV)가 동작하여 펌프에서 유입된 냉각수를 연료전지가 COD 히터로 보내 냉각수 온도 제어밸브(CTV)를 통해 다시 펌프로 순환시킨다. 이때 COD 히터는 발열되면서 냉각수 온도를 상승시킨다.

서머스텟 역할을 하는 연료전지 냉각수 온도 제어밸브(CTV)는 일반적인 운전조건에서는 연료전지에서 유입된 냉각수를 펌프로 연결하지만, 냉각수 온도가 상승하면 연료전지에서 유입되는 통로를 닫고 라디에이터에서 유입되는 통로를 펌프와 연결시킨다.

펌프에서 펌핑된 냉각수는 연료전지 우회밸브(CBV)를 지나 분기되어 항상 실내 히터 코어와 이온필터를 지나 냉각수 온도 제어밸브(CTV)로 유입된 후 CTV 내부에서 펌프와 연결된다.

(3) 연료전지 냉각수 온도 제어밸브(CTV : Coolant Temperature Control Valve)

연료전지 냉각수 온도 제어밸브(CTV)는 4Way 밸브로 써모스탯 역할을 한다. 일반적인 운전조건에서는 스택에서 유입된 냉각수를 펌프로 연결하지만, 냉각수 온도가 상승하면 스택에서 유입되는 통로를 닫고 라디에이터에서 유입되는 통로를 펌프와 연결시킨다. 펌프에서 펌핑된 냉각수는 CBV를 지나 분기되어 항상 실내 히터 코어와 이온필터를 지나 연료전지 냉각수 온도 제어밸브(CTV)로 유입된다. 이 냉각수는 항상 연료전지 냉각수 온도 제어밸브(CTV) 내부에서 펌프와 연결된다.

그림 30 | 스택 냉각수 온도 제어밸브(CTV)

(4) 연료전지 냉각수 온도센서

연료전지 냉각수 온도센서는 연료전지가 과열되지 않도록 제어하기 위한 전기적 신호를 공급하는 장치이다. 연료전지 냉각수 온도센서는 연료전지로 유입되는 냉각수 입구 온도와 출구 온도를 측정하여 FCU(Fuel-Cell Control Unit)로 입력하면 FCU는 연료전지 입구 온도센서와 출구 온도센서 신호를 기준으로 냉각수 온도를 제어한다.

(5) 라디에이터

라디에이터는 전장 라디에이터, 연료전지 라디에이터, 콘덴서가 일체로 구성된다.

쿨링팬은 라디에이터를 냉각시키며 고전압 정션박스에서 직류전압을 입력받아 인버터 회로에 의해 제어된다. 팬은 각각 C-CAN에 구성되어 있어, FCU의 신호에 따라 냉각팬 속도를 제어한다.

그림 31 | 라디에이터

5 전력변화 시스템

연료전지 자동차의 작동은 운전자가 시동을 걸면 SMK(Smart Key System)를 통해 연료전지 제어기(FCU: Fuel-Cell Control Unit)로 입력되면 FCU는 고전압 배터리를 작동시킨다. 고전압 배터리에서 나온 에너지는 양방향 고전압 직류변환기(BHDC: Bi Directional High Voltage DC-DC Convertet)로 들어가고 BHDC는 승압과정을 거쳐 고전압 정션박스로 보내게 된다.

고전압 정션박스를 통해 MCU(Motor Control Unit)로 에너지가 전달되며, MCU는 직류전원을 교류전원으로 바꿔 구동전동기에 전달하여 차량은 주행하게 된다. 이와 동시에 고전압은 LDC(Low Voltage DC-DC Converter)로 입력되어 12V 배터리를 충전한다.

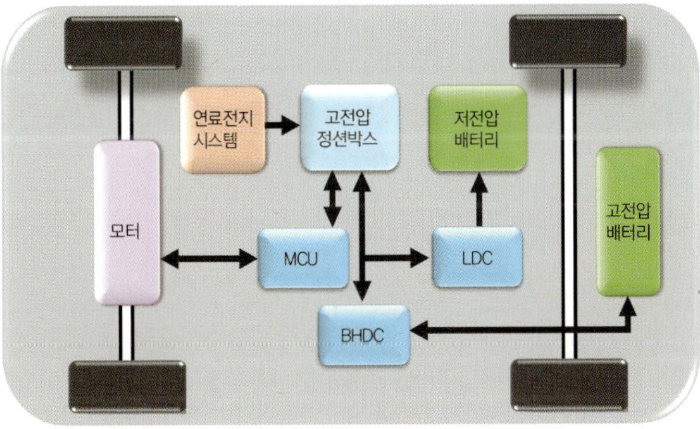

그림 32 | 연료전지 자동차의 전력변환 시스템

1 주요장치 기능

01 고전압 정션박스(High Voltage Junction Box)

연료전지 자동차에서는 고전압 부품들이 유기적으로 복잡하게 연결이 되어 있으며, 고전압 정션박스는 고전압 전원을 분배하는 부품이다. 고전압 정션박스는 고전압 배터리의 고전압을 다른 부품과 연결하는 전원 분배기 역할을 한다.

그림 33 | 고전압 정션박스

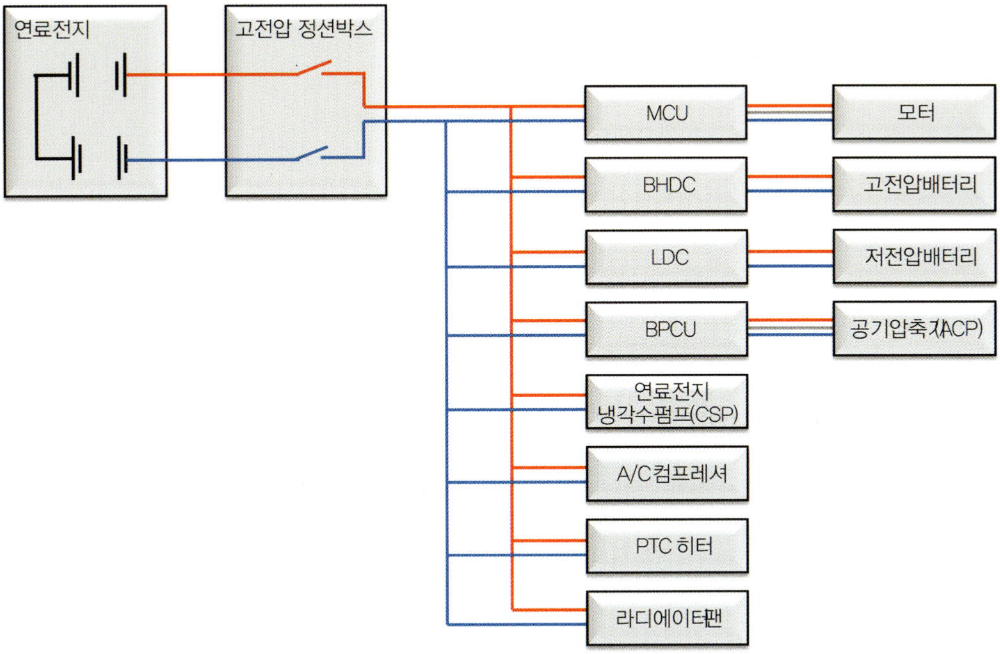

그림 34 | 고전압 정션박스 회로

02 DC-DC 컨버터

연료전지에서 나오는 저전압 DC 출력을 고전압 DC로 증폭시키는 역할을 하며 전기에너지를 공급하고, 고전압 배터리를 충전한다.

고전압 배터리의 직류전압을 저전압 전장품에 적합한 전압으로 강압하는 강압형 DC-DC 컨버터를 LDC(Low Voltage DC-DC Converter)라고 한다.

배터리보다 더 높은 전압으로 상승시켜 인버터에 공급하는 승압형 DC-DC 컨버터를 HDC(High Voltage DC-DC Converter)라고 한다.

연료전지 자동차는 고전압 배터리의 전압이 연료전지 전압보다 수백 볼트가 낮기 때문에 양방향 고전압 직류변환기(BHDC)가 사용된다. 양방향 고전압 직류변환기(BHDC)는 양방향 컨버터로 전동기를 구동할 때 고전압 배터리의 전압을 상승시켜 MCU를 거쳐 전동기를 구동한다. 또한 연료전지에서 발생되는 전기에너지와 전동기의 회생제동 시 발생하는 전기에너지를 고전압 배터리로 충전할 때 전압을 낮추어 충전한다.

LDC는 연료전지 또는 BHDC에서 나오는 고전압을 12V로 낮추어 저전압 배터리를 충전시킨다. 충전된 저전압 배터리는 차량의 여러 제어기 및 12V 전압을 사용하는 액추에이터 및 관련 부품에 전원을 공급한다.

(1) LDC(Low Voltage DC-DC Converter)

고전압 배터리의 고전압 전원체계와 저전압 배터리의 저전압 전원체계가 서로 안정적으로 운용되도록 고전압의 DC전압을 저전압의 DC전압으로 변환한다. 고전압 배터리의 전원을 저전압 배터리의 전력(DC)으로 이동시키는 장치이다.

(2) 고전압 직류 변환 장치(HDC: High Voltage DC-DC Converter)

고전압 직류 변환 장치는 전동기의 출력 증대 및 효율을 위해 고전압 배터리의 직류전원을 승압하여 MCU(Motor Control Unit)로 전달하는 전력 변환 제어기이다.

저전압 배터리가 고전압 전동기를 구동하기 위하여 배터리와 전동기 구동용 인버터 사이에 고전압 직류 변환 장치(HDC)가 설치된다.

고전압 직류 변환 장치는 직류전압을 제어와 배터리를 동시에 방전시켜 전동기로 전력을 전달하는 부스트 동작과 전동기에서 발생하는 회생에너지를 배터리로 공급이 가능하도록 양방향 전력 흐름이 제어하는 장치이다.

03 인버터

연료전지 스택에서 발생한 전기는 직류전원 형태로 전기가 발생한다. 이를 교류전원으로 변환하기 위한 장치가 인버터이다.

직류를 교류 형태로 변환 출력하는 전력변환 시스템으로 자동차에서 배터리의 직류전원을 교류전동기가 요구하는 교류 형태의 전원으로 변환하여 공급함으로써 전동기가 작동되도록 하는 장치이다.

04 고전압 냉각 시스템

PE 부품 냉각은 고전압 전력부품(MCU, BHDC) 및 모터 과열방지를 위해 전동식 워터펌프를 적용한다. 전기식 워터펌프(CPP, Coolant PE Pump)는 전기 시스템(구동모터, 인버터, BHDC 등) 내부로 냉각수를 순환시켜 전기 장치들을 냉각시키는 장치이다.

개별 부품의 온도가 한계점을 넘으면 냉각수 펌프 동작을 위해 CPP에 작동신호를 보내고 일정 온도 이하로 떨어지면 중지신호를 보내 CPP 작동을 멈춘다. CPP는 MCU가 고장 여부를 판단할 수 있도록 CAN 신호선을 통해 정상 여부를 알려주게 된다.

연료전지 자동차에는 연료전지를 냉각하는 냉각 라인과 인버터, 전동기와 같은 전기자동차 전장품과 공기공급 시스템의 공기압축기와 공기 쿨러를 냉각시키는 전장 냉각 라인이 설치되어 있다.

전장 냉각수 라인은 펌프에서 시작되어 분기되어 BHDC, 공기압축기, 공기 쿨러 등을 지나 라디에이터에서 냉각 후 다시 펌프로 유입되어 순환된다. 온도 제어는 전장 냉각수 펌프의 회전수 조정으로 제어된다.

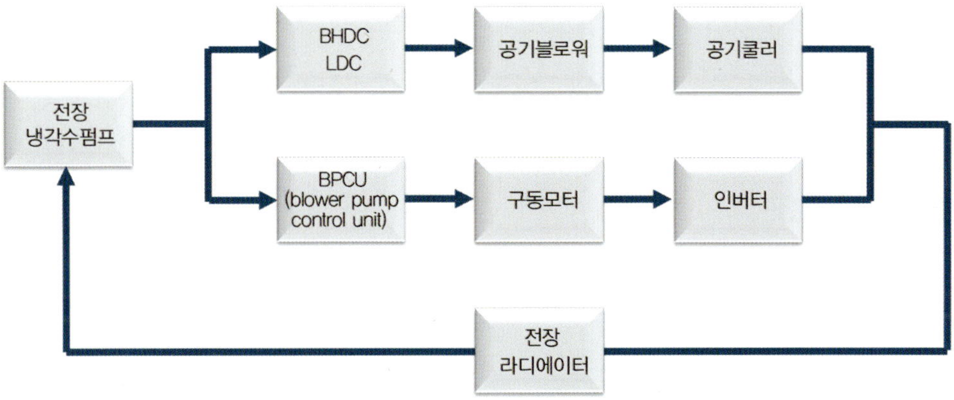

그림 35 | 전장 냉각수 시스템 구성

6 배터리 시스템

1 고전압 배터리 시스템

연료전지 자동차에 장착되는 고전압 배터리는 보조전원이며, 차량 가속 시 BHDC로 전기에너지를 공급하여, BHDC에서 승압된 고전압이 인버터에 공급되고, 인버터는 DC 고전압을 3상 교류로 전환하여 구동모터를 제어한다. 회생제동 시 모터를 통해 발전되는 교류 전기에너지는 MCU를 통해 직류로 변환된다. 이 직류 전기에너지는 BHDC에서 고전압 배터리 전압으로 감압되어 고전압 배터리에 전기에너지가 저장된다.

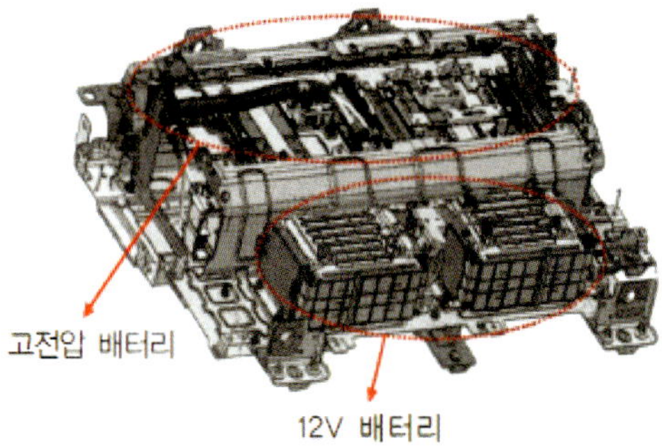

(a)

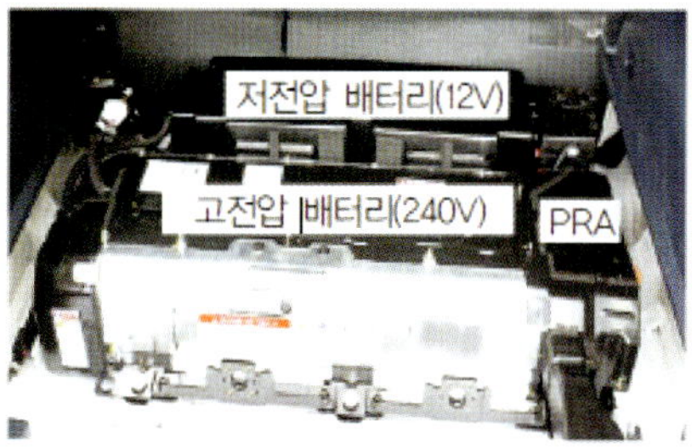

(b)

그림 36 | 고전압 배터리, 저전압 배터리

BMS(Battery Management System)에 의해 배터리 SOC(State Of Charge) 및 셀전압 등이 관리되고 있으며, BMS는 FCU의 명령에 의해 여러 기능을 제어한다. 일반 차량과 마찬가지로 12V 배터리도 장착되나, 이는 시동 전 일반 바디 전장부품이나 각종 제어 ECU의 작동을 위한 보조배터리의 개념이다. 고전압 배터리 시스템은 12V 보조배터리와는 분리되는 독립적인 전원 시스템으로 구성되어 있다.

리튬이온 폴리머 배터리(Li-ion Polymer)의 성능을 유지하면서 폭발위험이 있는 액체 전해질 대신 화학적으로 안정적인 폴리머(고체 또는 젤 형태의 고분자 중합체) 상태의 전해질을 사용하는 배터리로, 폴리머 상태의 전해질 사용으로 높은 안전성, 다양한 형상의 설계가 가능하나 저온에서 사용 특성은 떨어진다.

배터리 셀당 전압은 3.75V 정도이며 배터리 셀을 직렬로 연결한 배터리 모듈은 온도센서가 장착되어 있으며, 셀별 전압을 감지하여 BMS로 전송한다.

안전 플러그(Safety Plug)는 고전압 배터리 또는 고전압 관련 부품 취급 시에는 작업자의 감전사고를 예방하기 위해 반드시 안전 플러그를 탈거하여 고전압 배터리 연결회로를 차단시킨 후 작업을 실시하여야 한다. 또한 안전 플러그 제거 후라도 인버터 내부의 커패시터(콘덴서)에 충전되어 있는 고전압을 방전시키기 위해 5~10분가량 대기해야 한다.

2 저전압 배터리 시스템

01 개요

저전압 배터리는 12V 리튬이온 폴리머 배터리가 적용하며 PRA와 동일한 역할을 하는 저전압(12V) 차단 릴레이가 적용되어, BMS는 과방전을 감지할 경우 릴레이를 OFF시켜 전원을 차단한다. 재접속 스위치를 누를 경우 릴레이가 동작하여 다시 전원이 공급된다.

재접속 스위치를 눌러 전원을 공급한 후 Ready 상태에서 30분 이상 보조 배터리를 충전시켜야 한다. 스위치 작동 후 일정 시간 시동을 걸지 않으면 과방전 방지를 위해 12V 릴레이가 다시 OFF된다. 냉각팬은 고전압과 저전압 배터리를 통합 냉각시킨다.

02 저전압 회로도

(1) 12V 배터리 제어 절차

BMS는 IG ON/ACC 상태에서 작동하여 배터리 셀 전압/전류를 체크하고, 12V 래치 릴레이 상태를 점검한다. 12V 리튬배터리 과방전(SOC 10%)일 경우 BMS는 12V 릴레이 OFF신호를 제어한다. 이 상태에서 운전자가 12V 재접속 스위치를 누르면 BMS는 Wake Up된다.

Wake Up된 BMS는 12V 릴레이를 ON시킨다. 12V 릴레이 ON 이후 시동을 걸지 않으면 일정 시간 이후 릴레이가 OFF된다. 12V 릴레이 ON 이후 시동을 걸면 LDC를 통한 12V 배터리 충전이 이루어진다. 만약 운전자가 재접속 스위치 동작 없이 배터리 점프를 하더라도, IG ON/ACC모드에 진입하면 BMS는 12V 릴레이 ON제어한다. 이에 다음 시동 시 배터리 점프를 할 필요 없이 정상시동이 가능하다. 반드시 재접속 후 시동을 걸어 충전이 필요하다.

(2) RTC(Real Time Clock)

Key OFF 시 1시간마다 Wake Up 실시하여 전압/전류 체크한다.

(3) 과전압(14.8V 이상)

리튬 배터리 특성상 14.8V 이상 충전할 경우 과열로 인해 배터리 수명이 줄어든다. 만약 RTC 주기로 작동되기 전에 14.8V 이상 전압이 감지되면 BMS는 Wake Up되어 12V 릴레이를 OFF시켜 준다. 참고로 19V로 한 시간 유지 시 배터리 수명이 절반으로 줄어든다. 외부 충전기로 충전 시 14.8V 이하의 충전기로 충전이 필요하다.

03 제어

(1) 12V 리튬 배터리 과방전 시(SOC 10%, 12.8V)

BMS 감지 → 12V 릴레이 OFF(B+ 탈거효과) → 차량 Ready 상태 진입불가 →

운전자 12V 릴레이 재접속 스위치 ON → 12V 릴레이 ON → 차량 Ready 가능

(2) BMS의 기능(12V 리튬 배터리 제어 증상)

1) 12V 릴레이 제어

과방전일 경우 12V 배터리 SOC가 10%(12.8V)에서 12V 릴레이를 차단한다. 과전압일 경우 12V 배터리 전압이 14.8V 이상 시 12V 릴레이를 차단한다.

RTC(Real Time Clock) 기능은 차량 IG OFF일 경우 1시간 주기로 약 15초 동안 BMS가 Wake Up되어 전압 및 전류를 모니터링하는 것을 의미한다. 이때 과방전 상황이면 릴레이를 끊어주고, 정상일 경우에는 BMS가 다시 Sleep 모드로 진입한다. 이는 차량이 암전류, IG ON/ACC 방치, 블랙박스 튜닝 등에 의한 배터리 과방전을 방지하기 위해 적용된 기능이다.

2) 냉각 제어

12V 배터리에 온도센서가 장착되어 있고, 12V 배터리는 고전압 배터리와 통합 냉각된다. 12V 배터리 온도가 40도 이상에서 냉각팬이 구동된다.

3) 셀 밸런싱

고전압 배터리는 셀을 모아서 구성하여 각 셀들의 잔류 전하량이 다르게 되면 충전전압 또한 편차가 생겨 일부 셀이 다른 셀보다 과전압으로 충전되는 경우 셀 성능이 급격히 저하되어 셀의 균형이 깨지고 셀 충전 및 용량 불일치로 인해 주행거리에 대한 신뢰도가 낮아지게 된다. BMS는 셀 밸런싱 기능을 통하여 해당 셀과 연결된 저항을 이용해 에너지를 열로 소모하여 가장 낮은 셀 전압에 맞추어 다른 셀의 방전을 유도함으로써 균형을 맞춘다. 또한 셀간 전압차가 일정 수준 이내가 되도록 제어한다.

4) 12V LIPB 보충전 기능 실시

12V 릴레이가 떨어진 후 재접속 스위치로 ON된 상황에서 IG ON 시 보충전에 진입한다. 고전압 SOC가 20% 이상이면서 12V 배터리 SOC 65% 이하에서 진입한다.

12V 배터리 SOC 65% 이상 시 보충전 종료 이후 메인 릴레이 OFF(LDC 고장, 고전압

배터리 SOC 15% 이하) 시에는 12V 배터리 SOC와 상관없이 종료된다.

04 과방전 판단 조건

과방전 판단 조건은 2가지 조건으로 나뉜다.

(1) SOC 10% 이하(전압 12.8V 이하)

BMS는 과방전을 판단하여 12V 릴레이를 OFF시킨다. 이후 운전자가 12V 재접속 스위치를 눌러 12V 릴레이를 ON시키면 Ready(시동) 진입이 가능하다. 그러나 이때 Ready 상태로 진입시키지 않고 방치하면 수초 동안 클러스터 경고 메시지가 팝업되며, 이후 BMS는 과방전 방지를 위해 다시 12V 릴레이를 OFF시킨다(IG ON에서는 메시지가 팝업되지만 Key-off와 ACC에서는 메시지가 팝업되지 않는다).

(2) 전압 9V 이하

절차를 몇 번 만족하거나, 시스템에 문제가 생겼을 경우에는 전압 9V 이하로 배터리 전압이 떨어진다. 9V 이하가 되어 12V 릴레이가 OFF된 경우, 재접속 스위치를 누른 후 가능한 빠른 시간 안에 Ready 상태로 진입시켜 보조 배터리를 충전시켜야 한다. 만약 배터리 전압이 아주 낮아 재접속 스위치를 눌러도 12V 릴레이 ON이 불가한 경우에는 배터리 점프를 해야 하며 엔진 룸 정션 블록의 (+)단자에서 가능하다.